宠物犬鉴赏与饲养宝典

主编 陈晓明
副主编 王建新 黄利权

浙江出版联合集团
浙江科学技术出版社

图书在版编目(CIP)数据

宠物犬鉴赏与饲养宝典 / 陈晓明主编．—杭州：浙江科学技术出版社，2012.9

ISBN 978-7-5341-4512-4

Ⅰ．①宠…　Ⅱ．①陈…　Ⅲ．①犬—鉴赏②犬—驯养　Ⅳ．①S829.2

中国版本图书馆CIP数据核字(2012)第096060号

书　　名　宠物犬鉴赏与饲养宝典

主　　编　陈晓明

副 主 编　王建新　黄利权

出版发行　浙江科学技术出版社

杭州市体育场路347号　　邮政编码：310006

联系电话：0571-85170300-61714

制　　版　杭州万方图书有限公司

印　　刷　杭州丰源印刷有限公司

经　　销　全国各地新华书店

开　　本　710×1 000　1/16　　印　　张　12

字　　数　168 000

版　　次　2012年9月第1版　　2012年9月第1次印刷

书　　号　ISBN 978-7-5341-4512-4　　定　　价　29.80元

版权所有　　翻印必究

(图书出现倒装、缺页等印装质量问题，本社负责调换)

责任编辑　施超雄　　责任校对　马　融

责任美编　金　晖　　责任印务　徐忠雷

《宠物犬鉴赏与饲养宝典》
编辑委员会

主　　编　陈晓明

副 主 编　王建新　黄利权

编写人员　(按姓氏笔画排)

王哲行　母安雄　朱海风　应小飞
吴闽红　陈玉华　陈友树　陆永干
陶晓兵　谢　正　戴　慧　濮文政
魏水根

前言

犬是人类的朋友。在远古时代，犬是最早和人类相依为命的动物之一。今天，犬作为人类最重要的宠物之一，已经成为许多人的最爱。

近年来，随着生活水平的大幅提高，人们对精神生活需求也提出了更高要求，特别是当前我国已进入老龄化社会，空巢老人不断增多，而犬作为通人性、懂感情的动物，成了老人们最喜爱的伴侣动物。国内饲养宠物犬的家庭越来越多，宠物犬数量随之增加，社会对宠物犬的关注也与日俱增，人们对宠物犬品种选择、饲养方法、疾病预防等方面的基本知识需求也日益迫切。目前，市面上有关养犬的图书虽已出版不少，但真正面向大众深入浅出、通俗易懂地介绍宠物犬知识的图书却不多。同时，许多犬主在获取宠物犬知识的过程中，也多选择从国外引进翻译的图书，使用时并未考虑国内养宠物犬的自然环境、生物环境、地理、气候等实际情况，有些盲目。我们认为，随着宠物犬越来越多地走入寻常百姓家庭，不断推进宠物文化的发展，向群众正确、科学地普及犬类知识已非常必要。

针对以上情况，本书编者以满足大众最需要、最基本的养犬知识为出发点，在总结多年养犬实践经验的基础上，整理编写了《宠物犬鉴赏与饲养宝典》一书。本书图文并茂地介绍了犬的基本知识、犬的品种与鉴赏、犬的选购与饲养、犬的美容与保健、犬常见病的防治等知识，内容通俗易懂，版面生动活泼，贴近大众，让读者在随意、轻松中获取养犬知识。本书不仅是广大犬主的养犬工具书，也是准备养犬的人士和广大宠物爱好者的参考书、枕边休闲书。

本书图片大部分是编者在工作中积累收集的资料，部分图片由杭州张旭动物医院、好莱坞宠物精灵社等宠物诊疗机构提供，同时，也参考了相关图书资料。杭州市畜牧兽医局退休干部应祯灏高级兽医师对本书的编写提供了很多帮助，在此，一并致以深深的谢意！

由于编写时间仓促，作者的水平和积累的资料有限，书中疏漏和不足之处在所难免，恳请广大读者批评指正！

一、犬的基本知识

二、犬的品种和鉴赏

三、犬的选购与饲养

四、犬的家庭美容及养护

五、犬的常见病的防治

一、犬的基本知识

狼是犬的祖先，犬是人类最早驯化的动物之一，这在学术界已基本达成共识。但犬究竟起源于什么，一直没有定论。生物学家研究认为，犬最早是由狼、狐和胡狼自然杂交而产生的。最近根据有关人员的研究发现，现在全球的宠物犬均通过人类长期的驯化、选育，根据不同民族的爱好、兴趣，逐渐形成众多体形、性格、气质和毛色不同的品种。从古至今，犬类始终是我们人类的朋友和得力的助手，它们扮演着许多角色，广泛活跃于各个领域，因此犬在世界各国几乎都受到人们的宠爱和保护。宠物犬的分类由于分类标准不同而有所不同，一般可分为工作犬、观赏犬、单猎犬、群猎犬、牧羊犬和更犬。

(一)犬的生理特征

1.耐寒怕热

犬对环境的适应能力很强，能耐受比较热和比较冷的气候。犬身上无汗腺，只有爪垫上有少量汗腺，故散热能力差，对热敏感。犬的散热主要靠张口伸舌，通过唾液水分的蒸发来完成。犬全身都长有又长又密的毛，所以耐寒能力强。

2.消化特性

犬是以食肉为主的杂食动物，虽然全素食也可维持生命，但仍保持以食肉为主的消化特性。犬吃东西时“狼吞虎咽”，少咀嚼，呕吐中枢发达，当吃入毒物或不适物质时，可引发强烈呕吐，将毒物吐出，这是犬的一种防御本领。犬的胃液中盐酸含量为0.4%~0.6%，易使蛋白质变性，便于分解消化，因此，犬对蛋白质的消化能力很强。犬的肠管短，只有体长的3~4倍，所以，在进食后5~7小时，就可将胃内食物全部排空，这同时决定了犬肠管的发酵能力较弱，对粗纤维消化能力差，因此，我们在饲喂蔬菜或水果时必须切碎。

3.犬的感观机能

(1)**嗅觉灵敏**。犬的嗅觉灵敏度居所有家养动物之首，尤其对酸性物质的嗅觉灵敏度要高出人类几万倍。这个嗅觉机能常被人类利用，以协助人类开展侦破、查寻工作。

(2)**听觉灵敏**。犬的听觉非常灵敏，尤其是立耳犬的听觉。犬类的听觉能力是人类的16倍，它可以分辨低分贝和高频率声音。当犬听到声音时，有注视音源的习性，可为主人指明音源目标，这一特性被用于狩猎和侦破工作。高音频率对犬是一种逆境刺激，有痛苦、惊恐的感觉，会产生逆反行为，所以我们在现实生活中要避免高音频率声音对犬产生的不良刺激。

(3)视觉较差。犬的视觉比较差，视力仅为人的1/5~1/3，只能看清50米之内的固定目标，但可感觉到825米远的运动目标。犬的视野开阔，单眼视野为100°~125°。犬是色盲，导盲犬对红绿灯的辨别不是通过颜色而是通过亮度变化来进行识别的。但犬的暗视力比较灵敏，有利于夜行。

(4)味觉迟钝。犬对食物的品尝，主要通过嗅觉，味觉对它无作用，因此，犬的食物要特别注意气味的调和。在饲养过程中，要适当增加食物的香味，引起犬的食欲。

4. 犬的睡眠

犬没有固定的睡眠时间，有机会就睡。但比较集中的时间为中午11:00~13:00时，凌晨2:00~3:00时。犬浅睡时呈伏卧，沉睡时呈侧卧。睡眠时不易被主人或熟人惊醒，但对陌生的声音却很敏感。犬被惊醒后瞬间意识模糊，有时甚至连主人也不一定认得出来，会出现发泄现象，所以我们在犬睡觉时尽量避免惊动它。

5. 犬龄与性成熟

一般情况下，犬的年龄可以从牙齿的生长情况、齿峰及牙齿磨损程度、外形颜色等综合判定。犬出生20天左右牙齿逐渐参差不齐地长出来。30~40天时，乳门齿长齐。2个月时，乳齿全部长齐，尖细而呈嫩白色。8个月以上，牙齿全部换上恒齿。1岁时，恒齿长齐，光洁、牢固，门齿上部有尖突。1.5岁时，下颌第一门齿大尖峰磨损至与小尖峰平齐，此现象称尖峰磨灭。2.5岁时，下颌第二门齿尖峰磨灭。3.5岁时，上颌第一门齿尖峰磨灭。4.5岁时，上颌第二门齿尖峰磨灭。5岁时，下颌第三门齿尖峰稍磨损，下颌第一、二门齿磨损面为矩形。6岁时，下颌第三门齿尖峰磨灭，犬齿钝圆。7岁时，下颌第一门齿磨损至齿根部，磨损面呈纵椭圆形。8岁时；下颌第一门齿磨损面向前方倾斜。10岁时，下颌第二及上颌第一门齿磨损面呈纵椭圆形。16岁时，门齿脱落，犬齿不全。

犬生长发育到一定时期，开始表现出性行为，具有第二性征，生殖器官及生殖机能已达到成熟，具备了繁殖的能力。母犬开始出现正常的排卵和发情，公犬能产生具有受孕能力的精子，即为犬的性成熟。不同品种犬的性成熟期受地区、气候、环境及营养状况的影响，一般来说，小型犬成熟较早，大型犬成熟较晚。公、母犬的性成熟期在犬出生后的8~12个月。最好不要在犬第一次出现发情时就进行繁殖，母犬最佳的繁殖年龄是1岁至1岁半，公犬的最佳繁殖年龄是2岁。犬是单一发情动物，不反复发情。正常情况下每年发情2次，多数犬在每年春季的3、4月和秋季的9、10月各发情一次。

(二)犬的心理特征

犬在感知外部环境时，常表现出好奇、探究、分析、认识等心理行为过程。在不断变化的环境作用下，犬的心理也是复杂多变的，不同品种的犬及同品种中不同个体犬都具有不同的气质、性格，即使是同一只犬，在不同的环境下也会表现出不同的情绪。一般说来，犬的常见心理活动有：忠诚和怀旧依恋心理、群体意识、争宠邀功与自我表现意识、顺位和篡位意识、悔过意识、占有心理与领地保护意识、好奇心理、嫉妒心理、复仇心理、恐惧心理和孤独心理等。

1.忠诚和怀旧依恋心理

在日常生活中，犬依恋于主人，见到主人后，总是迅速跑上前去，在主人的前后左右跳跃，表现出特殊的亲昵。对生活环境从不挑剔，无论主人富贵贫穷，都忠诚于主人。在犬的眼里，主人是永远不会抛弃它的，犬会尽力维护主人的一切利益，尽自己一切可能满足主人的意愿。犬对主人的感情，胜过对同类的感情，这种对主人的依恋心理，是犬忠诚于主人的心理基础。犬在一定时期内只忠诚于一个主人，当给犬更换主人时，犬会非常伤感，常常表现为眼球湿润、情绪低落或几日不进食。

2.群体意识

许多动物都具备群体意识，而犬尤其强烈。当它与人类或人类家庭结成伙伴关系后，其在群体生活中会表现出强烈的群体意识，表现为每个成员对集体的忠诚，当个别成员受到威胁时，会集体一致地保护，当主人及家族受到侵犯时，犬会表现出护主意识。

3.争宠邀功与自我表现意识

犬具有争宠邀功与自我表现意识，这是犬的心理本能。因此我们为促使犬更好地完成训练和工作任务，要经常对它们进行表扬鼓励、奖励美食。在同时有多条犬时，不要明显地袒护其中一条犬，以免发生争斗和伤害。

4. 顺位和篡位意识

犬是群体动物，它们心中有一种“顺位意识”，就是将家中成员按照自己的认知排位。一般犬会将家中的强者排第一位，将弱者排在自己后面，这是群体动物潜在的一种支配反应。先自我排位，根据排位服从支配，一旦认为机会许可，就会产生篡位意识，支配“他人”。一般犬常常认为自己的排位在男主人之后，同自己玩耍的小主人和照顾自己的女主人依次排在后面。

5. 悔过意识

犬在干了坏事后，为了躲避主人的责罚，总是露出一副可怜样子，你可以看到一双乞怜的眼睛，躲藏、低头垂耳，目光凝重，一副可怜后悔的样子。

6. 占有心理与领地保护意识

犬有很强的占有心理，在这种占有心理的支配下，它们表现出人们所常见的领土保护行为。正因为如此，犬才具备了保护公寓、家园，巡逻宅地，保护主人及财产的能力。它们利用肛门腺分泌物使粪便具有特殊气味，趾间汗腺分泌的汗液和用后肢在地上抓画，作为领地记号。在配种期间的公犬，不让其他公犬接近发情母犬，说明该公犬对母犬的占有心理。犬的占有心理也表现在贮藏物品的行为上，在我们看来毫无用处的东西，犬也会加以收集，并表现出强烈的占有心理。

7. 好奇心理

犬在生活中时刻都被好奇心所驱使。犬在好奇心的驱动下，利用嗅觉、听觉、视觉、触觉去认识世界，获得经验。每当犬发现一个新的物体时，总是用好奇的眼神专注，表现出明显的视觉好奇性，然后用鼻子嗅闻，舔舐，甚至用前肢翻动，进行认真的研究。犬的好奇心有助于犬智力的增长，这种心理属性为训练、利用犬为人类服务提供了极大的方便。

8. 嫉妒心理

犬的嫉妒心非常强，当主人在感情的分配上厚此薄彼时，往往会引起犬对受宠者的嫉恨，甚至因此而发生争斗。嫉妒心理会导致两种外在的行为表现，一是对主人冷淡，二是对受宠者进行攻击。这种现象在主人新购进另外犬时表现得尤为明显，针对这种心理，我们要避免在爱犬面前表现出对别的犬特别关切。

9．复仇心理

犬其实跟人一样都有两面性，具有复仇心理。其往往依据嗅觉、视觉、听觉将曾经恶意对待自己或主人的对象牢记在大脑中，在适当的时机会实施报复。人们利用犬的复仇心理，训练犬对敌人的复仇有很好的效果。

10．恐惧心理

犬的听觉相当敏感，一些声音能刺激犬的大脑神经，使它产生恐惧感。这些声音通常是来势凶猛、响声巨大。比如：电闪雷鸣、飞机轰鸣声、枪炮声、爆炸声、鞭炮声等。这时犬首先会吠叫，之后会选择逃避，缩着脖子躲到可以避开危险的地方藏身。

大多数犬怕火怕光。其他类似火光的东西也会给犬带来恐惧，例如：烟火、探照灯等，甚至是吸烟时火柴燃着瞬间发出的光和火。如果这些光和火出现在犬所在的领地范围之内，它就会小心地围着火吠叫。很多犬在自家着火时及时地报了火警就是这个道理。

犬最强烈的恐惧是死亡。因为，犬死后可以发出一定的气味，这种气味对活着的犬有强烈的刺激性，可以使它们产生恐惧感。犬会出现被毛耸立、步步后退、浑身颤抖的恐惧表现。

经常对犬施暴，也会造成犬的恐惧心理。有些人见到犬，由于自身的恐惧，对犬又踢又打，这些举动使得犬在对人的心理上蒙上阴影，再次看到人出现这样的动作就会出现恐惧，甚至看到人都会恐惧。

11．孤独心理

犬怕孤独。犬一旦失去主人的爱抚或长时间见不到主人时，就会出现意志消沉、烦躁不安的现象，甚至会引起犬的神经质、自残及异常行为的发生。因此，我们在养犬过程中，应保证有足够的时间与犬相处，以消除犬的孤独心理。

(三)犬的行为特征

犬的行为特征有许多，有的行为对日常生活和人类是有益的，我们应加以保护并予以发扬，而有的行为是有害的，应从小进行训练并加以制止。

1.标记行为

犬个体、配偶或主人的活动范围是犬的日常活动领域，不允许其他动物进入，并实施保卫。实施领域识别和保护的最基本行为就是标记行为。犬的嗅觉特别发达，经常用尿、粪便、唾液及特定的腺体分泌物等有特殊气味的物质来标记属于它们的领域，同时也是认路的一种方式。因此，我们在生活中经常会看到犬喜欢跑到小道上，到处走走闻闻，走到树根边上，抬腿撒尿以做记号。如果让犬自由奔走时，它总能利用自己做的记号，找到回家的路。

2.攻击行为

宠物犬一般不会主动攻击人类，碰到生人时首先表现出的是退缩和吠叫，意在提醒你已“侵入”了它的领地。如果你不表现出对犬来说的“挑衅”动作而主动离去，就会相安无事，如果你表现出任何的“挑衅”行为，犬就会发起攻击。犬在攻击前最危险的表情是唇部上卷，不仅露出所有的牙齿，还包括上排牙龈，鼻子上方出现皱纹，这是犬准备发动暴力攻击的主要信号。如果遇到这种情况时，千万不能转身就跑，因为转身逃跑会引发犬追逐攻击的反应，此

时应将目光微微朝下，稍微张开嘴巴，随后慢慢退却。

3.吠叫行为

吠叫是犬的本能，但不同的品种、个体，其吠叫也有一定的区别。犬通常只在其势力(领域)范围内吠叫，如两只犬在路上碰到时，一般不会吠叫。中型犬的吠叫声高而尖锐，而且喜欢乱叫；大型犬的吠叫声粗而低沉，而且性情较沉着，通常不会乱叫。

犬遇弱者时会出现咆哮，以表示权威和发出恐吓；犬在相互攻击或表示愤恨时会发出呻吟声，表示厌恶或愤怒；当犬被欺凌时会发出“噢呜、噢呜”的哀叫，表示求救和求饶；当幼犬离开母犬、感到寒冷或生病时，会发出“哼哼”的高调声音，表示害怕和痛苦；当犬悲伤的时候，会发出鼻音，表示悲哀或难过。

4.其他行为特点

犬视其身体的右边和下腹部为弱点。当犬朝天睡觉时，表示对周围环境的放心和信任。犬喜欢人甚于喜欢同类，常表现出喜欢与主人嬉戏玩闹。犬的头颈部喜欢被人用手拍打、抚摸，但臀部、尾部忌摸。犬喜欢追捕，喜欢追咬运动动物，所以在犬前不要奔跑。犬生病时会本能地避开人类或者其他同类。当它常独自呆在一边时，就要注意犬是否生病或有不适。犬不喜欢酒精，闻到酒精味会发毛或咆哮不安，所以主人应避免酒后与犬嬉闹。

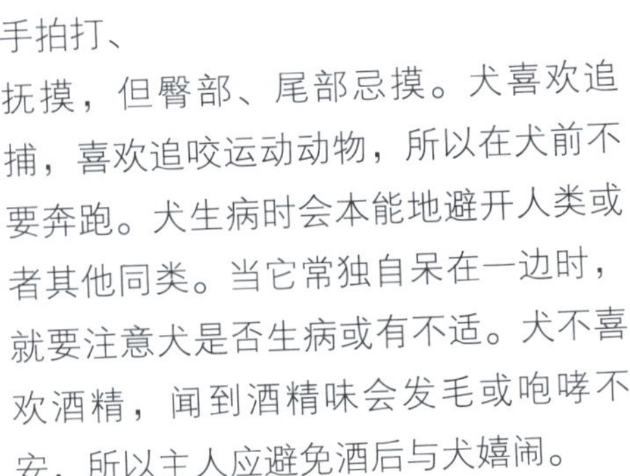

（四）犬的情感表达

犬的表情变化很丰富，其喜怒哀乐可以通过全身各部位的变化毫不掩饰地表现出来。主人要仔细观察犬的细微动作变化，同时借助于犬的叫声、眼神及身体其他部分的状况来综合判断，只有这样才能正确地把握犬的情绪变化。

一个好主人应当能够正确地理解这种语言，从而合理、科学地饲养、管理自己的犬。犬最重要的情感和意愿表达如下。

1.喜悦

犬高兴时会不停地跳动，身体弯曲，用前腿踏地或者尾巴使劲地左右摇摆，耳朵向后方扭动。大型犬还可能把前腿抬起，去舔主人的脸。有的犬可能表现出过分喜悦，情绪失控，这种情况多发生于幼犬，随着年龄的增长而逐渐消失。犬在喜悦的时候发出的叫声是一种明快的“汪汪”声。

2.愉快

犬在心情愉快、兴奋、对人表示好感的时候，其表现要比喜悦的时候稳定，只是慢慢地摇尾巴，喉咙中发出轻微的“呜呜”声，有时也会不停地舔主人的手和脸。

3.撒娇

犬在撒娇的时候，鼻子会发出“呵呵”的声音。在请主人宽恕而撒娇时，则会把尾巴垂下来。而在它想得到什么，或者要催促主人和它一起玩时，会轻轻地摇动尾巴，不再垂下去。

4.愤怒

犬在愤怒的时候会全身僵直、四肢伸开、犬毛倒竖，同时嘴唇翻卷、露出牙齿，发出威胁性的“呜呜”声，以恐吓对方。尾巴也会轻微地摇动，耳朵竖立着朝向对方。

5.悲伤

犬在悲伤的时候，会发出“咕咕”、“嗬嗬”的叫声，希望接近主人，以“诉说”自己的哀伤、痛苦和不幸。在这种时候，犬也会低垂尾巴，以求救的姿态摩擦主人的身体。

6.警觉

犬在警觉的时候，耳朵会竖立起来，一点声音也不放过，并发出“汪汪”的叫声。在外敌接近的时候，则发出连续的“汪汪—汪汪汪……”的叫声。

7.恐惧

犬在恐惧的时候，根据感知恐惧程度的不同，尾巴不同程度下垂。如把尾巴完全卷到两腿中间时，则表现出极端的恐惧，耳朵也扭向后方，呈睡眠状态，全身紧紧缩成一团。当它们被大声斥骂时便会一边发出哀鸣声，一边露出恐惧的神色。

8.寂寞

犬在寂寞的时候，全身松弛而瘫软，像打哈欠一样，发出“啊啊”的声音。

二、犬的品种和鉴赏

(一)小型犬

1. 巴哥犬

产地血统

原产中国，又名八哥犬，俗称斧头犬。巴哥犬是一种非常古老的犬种，起源于公元前400年。其确切起源尚不清楚，专家们认为它起源于东方，与北京犬很可能来源于相同祖先，是藏传佛教僧侣们的宠物。后来又传入日本、欧洲。1885年，美国畜犬协会(以下简称AKC)正式认可此犬种。

外貌体征

巴哥犬的特点是小中见大，浓缩，结构紧凑，比例良好，为正方形。一般肩高为25~30厘米，体重为6~8千克。

头部 头大而圆，方头形，额头、脸颊和眼睛上都有皱纹，口吻短呈方形。鼻尖为黑色，唇廓分明；脸部如同面具般的黑色，皱纹多、大而深。眼大而圆，微凸出，眼呈暗色，有光泽。耳小而薄，如天鹅绒一样柔滑，有玫瑰形耳及纽扣形耳两种，后者较为理想。

四肢 肢短而壮，前肢直，后肢肌肉丰满、结实，强劲有力，站立姿势好。脚为兔型或猫趾型，爪黑。

被毛 被毛短而柔软，滑润而富有光泽。 毛色通常有银色、杏黄色、金黄色、蓝色、黑色等。前额、耳朵至吻部布满黑色斑，有时从头的后部一直到臀部有一条黑线。尾呈螺旋状卷向臀部，最好是两重卷。

内容	推荐指数
体味	★★
掉毛	★★
吠叫	★★★
运动需求量	★★★★
卫生习惯	★★★★★
综合推荐	巴哥犬体味较大，容易掉毛，需要较多的护理，但其具有爱干净讲卫生的优良习性，且一天运动量较小，比较适合在城市公寓饲养

生活习性

巴哥犬是一种性情稳定的小型犬种，显示出安定、开朗、富有魅力、高贵、友善和可爱的性情。它体贴、可爱，不需要运动或经常整理被毛，但需要同伴。它是以“咕噜”的呼吸声及像马一样抽鼻子的声音作为沟通的方式。它对环境的适应能力很强，个性大胆、聪明且记忆力强。但是巴哥犬也容易分心，所以外出时需用牵绳控制，以免发生危险。同时，此犬具备爱干净的习性，这些特色使其广受人们喜爱。

饲养特点

巴哥犬的鼻子短，呼吸较为不顺，若要带巴哥犬外出散步，不适合跑太久。巴哥犬的呼吸声很大，而且身上有种体味，即使洗澡也很难盖过味道，饲养前饲主要有心理准备。此外，短鼻犬种的所有先天性疾病问题都是饲养巴哥犬的饲主需要注意的。巴哥犬属于比较贪吃的犬种，容易发胖。另外巴哥犬虽然是短毛，但容易掉毛，且特别怕热，要给予其阴凉的处所歇息，在潮湿炎热的夏天，身上容易起疹子，需注意护理。

2. 吉娃娃

原产墨西哥。早在9世纪，墨西哥的托尔特克人就已培育出了一种叫做“泰奇奇”的犬，“泰奇奇”在中美洲土生土长，是现在美国非常受欢迎的吉娃娃的祖先。吉娃娃可以分为短毛吉娃娃和长毛吉娃娃两种，多数美国育犬家认为长毛吉娃娃乃是原种，但有另外一种说法认为长毛犬种是由短毛吉娃娃和约克夏、蝴蝶犬交配而来的。该犬1890年首次出现在美国犬秀上，1904年，AKC正式认可此犬种。

吉娃娃的眼睛圆睁晶莹，竖立的大耳朵，优雅、机警、灵活，身体几乎呈方形，体长略长于身高。身高16～20厘米，体重0.9～2.7千克。

头部 圆头形，呈西洋建筑之圆顶屋形，颊部与颧部倾斜少肉。眼睛大而圆，且稍微凸出，耳朵为尖尖的三角形，微向后翘，紧张或警戒时呈竖立状，自然放松时两耳角度约为45°，两耳保持一定的间距。鼻梁直，长度适中，鼻镜小，略呈尖锐，鼻头颜色依照毛色差异而有所不同，下巴口吻尖短稍圆。

四肢 前肢直挺，向下渐渐变宽，膝部强而有力，前腿直，使肘部活动不受约束。趾部小而紧密，脚垫厚实。脚腕纤细，后肢肌肉强健，距离适当，不太靠里或太靠外，向下看，强壮且坚固，足同前肢。

尾巴 短毛种为扁尾，长度适中，呈镰刀状，朝上或与背线成卷曲形，其尾尖和背线刚好能接触到为止。长毛种，尾巴上的被毛与躯体的被毛和谐。

被毛 短毛种被毛应是柔软紧密且有光泽，并良好地覆盖于全身，头部与耳朵的被毛较稀少；长毛种其毛质应是柔软平直，并具有长而卷曲之外形。毛色有棕栗色、淡黄色、铁青色和银色等。

内容	推荐指数
体味	★★★
掉毛	★★★
吠叫	★★★★
运动需求量	★★★★★
卫生习惯	★★★★
综合推荐	吉娃娃是比较警惕的犬种，如果你有足够的温柔和耐性，它会是很好的家庭成员之一，因其较小的体形，并不需要太大的活动量，但是它对温度十分敏感，冬天需做好保暖工作

生活习性

吉娃娃属小型犬种里最小型的犬，有坚韧的意志，优雅、警惕、动作迅速，此犬不仅是可爱的小型玩具犬，同时也具备大型犬的狩猎与防范本能，更有类似梗类犬的气质。这种犬虽体形娇小，但对其他犬不胆怯，十分勇敢，能在大犬面前自卫，对主人极有独占心。吉娃娃有很强的好奇心，记忆力惊人，会记住主人的好，同时也会记仇，所以在训练时要格外注意，免得让它恨你一生。

吉娃娃个性动静皆宜，对人热情却又不过分黏腻。它们生性活泼好奇，有一点胆小，却不会因为紧张而吠叫，对饲主很贴心，爱撒娇，需要人的关怀，但对陌生人比较敏感。它不喜欢外来的同品种的犬。有和梗类犬相似的特点，精力充沛。不宜和儿童相处。

饲养特点

吉娃娃颇畏寒，不宜养于室外犬舍，冬天外出需加外衣御寒，做好保暖工作。它们每天的运动量不多，也不用经常花费时间带它们出去玩，每天让狗狗在家里自由奔跑10分钟，就可以满足它们的运动需求。但吉娃娃特别贪玩，有时不能节制，所以不能让它运动过度。吉娃娃每天都能够待在家里，是非常适宜居住在城市家庭饲养的犬种。

3. 北京犬

原产中国，起源于1世纪，可追溯至1500年以前，是拉萨犬的近亲，被认为融合了狮子的尊贵和猴的优雅。因为它们的扁脸看起来很像是人的脸，因此被认为是半神的象征，曾经被视为中国宫廷里神圣的宠物，普通百姓不能饲养。八国联军攻陷颐和园时，北京犬流传到了英国。1906年，AKC正式认可此犬种。

北京犬身体前部较大、后部较小，整体结构匀称，身体结实，抱起来感觉较重，肌肉发达，前躯骨量决定了其较重的体重。一般公犬不超过5千克，母犬不超过5.5千克，身高15~23厘米。

头部 头呈圆形，颅骨大，头骨宽阔平坦。头顶高，面颊骨骼宽阔。从正面看，头部宽大于深，造成了头面部的矩形形状。从侧面看，北京犬的脸是平的。眼睛大、黑、圆，有光泽而且分得很开，眼圈颜色为黑色，耳朵成心形，位于头部两侧。鼻子黑色且宽，从侧面看短而平，鼻孔朝天张开。嘴唇平，而且当嘴巴闭合时，看不见牙齿和舌头。

四肢 短而粗，骨骼发达。前脚跟关节部与肘关节之间的部分稍弯曲。肘部贴近身体，前脚大而平，略向外翻。后肢骨骼不如前肢发达，膝关节和飞节部屈曲角度适中，后脚尖指向正前方。

尾巴 尾根位置高，翻卷在后背中间。长、丰厚而直的饰毛垂在一边。

被毛 被毛长、直、较粗而竖立着，有丰厚柔软的绒毛覆盖全身，在脖子和肩部周围形成明显的鬃毛。长而丰厚的被毛较为理想。在前腿和大腿后边，耳朵、尾巴、脚趾上都有长长的饰毛。毛色有白色、棕红色和黄褐色。

生活习性

北京犬综合了帝王的威严、自尊、自信、顽固而易怒的天性，个性十分勇敢、坚强且独立，但同时也相当敏感，对于陌生人会保持一定的警戒，个性上表现有较强占有欲。尽管北京犬不具有攻击性，但它从不惧怕任何威胁，不会因害怕而逃走。一旦其认定了饲主，就会死心塌地地忠于饲主，也会在危险的时候保护饲主。北京犬精力旺盛，甚至超过许多体形比它大的犬。

内容	推荐指数
体味	★★★
掉毛	★★★
吠叫	★★
运动需求量	★★★
卫生习惯	★★★★
综合推荐	北京犬勇敢、独立，对主人非常忠诚，但其精力旺盛，每天需要比较大的运动量，且其丰厚的被毛需要每天打理，适合有较多空余时间的人饲养

饲养特点

北京犬容易缺氧，天气闷热时常会导致呼吸困难，故天气炎热时应注意防晒以免中暑。北京犬眼球大，外露多，与外界接触面大，易感染细菌而发生角膜炎或角膜溃疡。为防止角膜感染，可用2%硼酸水洗眼，每天或隔天洗1次。由于是扁脸，需特别注意眼睛和呼吸道。北京犬被毛丰厚，宜每天梳理一次；每天要定时做户外运动或随主人外出散步；牙齿必须经常保持清洁，避免过早脱落。

4. 蝴蝶犬

蝴蝶犬因有一对如蝴蝶翅膀的耳朵而让人印象深刻，其体形较小，一般身高20~28厘米，体重4~4.5千克。身体的比例是体长略大于肩高。

头部 圆头形，头颅宽度中等，颅骨小而圆，前脸角度分明。眼睛圆，颜色暗，不外突，中等大小，眼神机警。耳朵大而且耳尖较圆，分别有直立耳和垂耳，位于头部两侧相对靠后的位置。①直立耳：耳朵斜向伸展，酷似展翅飞翔的蝴蝶翅膀；②垂耳：下垂耳的形态与直立耳相似，但是向下垂。鼻黑色，小，鼻端稍圆。

四肢 肩部向后伸展，前肢骨骼结实，笔直。后肢细长但骨骼结实，从后面看两后脚如果有狼爪，必须切除。

尾巴 蝴蝶犬尾巴长，尾根位置高，反搭在背上。尾巴上有长而飘逸的饰毛，挂在身体两侧。缺陷：尾根低，没有反搭在背上或太短。

起源于17世纪，蝴蝶犬的身世来源无法考证，有说其原产地是法国和比利时，也有说是西班牙，现在比较统一的说法是祖先来自西班牙，文艺复兴时期在法国出名。蝴蝶犬耳朵上的装饰毛如翩翩起舞的蝴蝶，由此得名蝴蝶犬。自1545年一条被买卖的蝴蝶犬有记载后，才开始在许多文献上出现。16世纪，蝴蝶犬深受西班牙和法国的贵族人士的喜爱，从而确定了其在犬界的地位。19世纪，法国和比利时饲养者致力发展直立耳的品种， 1915年，AKC正式认可此犬种。

被毛 毛量丰富，长，精致，像丝一样飘逸，直而且有弹性。背上和身体两侧的毛发笔直。胸部长有丰富的饰毛，没有底毛。耳朵边缘长有漂亮的饰毛，里面则长有中等长度、柔软光滑的毛发。前腿背面长有饰毛，到脚腕处减少。脚上的毛发较短，但精致的饰毛可能盖住脚面。毛色有黑白色、褐白色和黑白褐色三种。

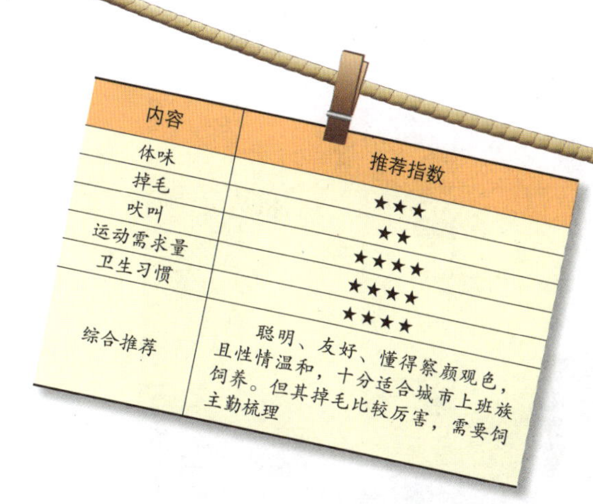

内容	推荐指数
体味	★★★
掉毛	★★
吠叫	★★★★
运动需求量	★★★★
卫生习惯	★★★★
综合推荐	聪明、友好、懂得察颜观色，且性情温和，十分适合城市上班族饲养。但其掉毛比较厉害，需要饲主勤梳理

蝴蝶犬体格比外表看起来强壮，喜欢户外运动。其不但外形可爱，而且姿态高贵优雅，具有贵族气息。它们极为容易亲近，是聪颖的犬种，快乐、警惕、友好。它懂得察言观色，如果饲主的心情不好，它会安静地、乖乖地待在一旁，不吵也不闹；如果饲主回家后，热情地呼喊它的名字，它会热情地回应饲主，并黏着饲主不放。

蝴蝶犬容易饲养，性情温和，不会乱叫，特别聪明，适合上班族或公寓老人饲养。但是其掉毛比较厉害，需要勤梳理。蝴蝶犬体形小，运动量不大，不需要剧烈运动，散散步就可以了。另外，蝴蝶犬是一种需要饲主常常陪伴的犬种，否则它会有报复行为。

5.博美犬

原产德国，起源于19世纪。从遗传的角度来讲，博美犬的祖先是冰岛和拉普兰岛的雪橇犬，是波美拉尼亚丝毛梗犬家族的一员。1750年，博美犬传到欧洲各国。早期的博美犬体形较大，且大多是白色，是十分称职的牧羊犬。19世纪以来，经过选拔配种而成为今日被毛蓬松柔软、颜色鲜明的小型犬，1888年，AKC正式认可此犬种，1911年，美国博美俱乐部举办了第一次单独展。

博美犬身体紧凑，背部短，活泼好动。体长(从肩到臀的长度)要略小于肩高，胸部到地面的距离是肩高的一半。前腿和后腿既不向内也不向外翻，背线保持水平而且整体轮廓保持平衡。身高约20厘米，体重1.3~3.2千克。

头部 长头形，头部与身体比例协调，头骨密合，头盖骨略圆。当从前面或侧面看时，能看见位置很高而且竖立的小耳朵。眼睛黑色、明亮、中等大小而且呈杏仁状，眼圈呈黑色，除了棕色、河狸色和蓝色博美犬是与其自身毛色相配的颜色，其他颜色被毛犬的眼睑和鼻为黑色。博美犬耳朵小巧，两耳间距不大，直立耳较好，形状似狐狸耳。口吻短、直、精致。

四肢 肩部向后伸展，使头颈高高抬起。肩部和前肢肌肉较丰满。前肢直，相互平行，前脚跟直而强壮，脚呈拱形，紧凑。后肢肌肉较为丰满，膝关节屈曲，后脚跟与地面垂直，两后肢直，相互平行。足爪呈拱形，紧凑，既不向内也不向外翻。趾甲前伸。

被毛 博美犬具有双层被毛，底毛柔软而浓密，披毛长、直、光亮且质地粗硬。厚厚的底毛支撑起外层披毛，使其能竖立在博美犬的身体上。毛色有棕白色、白色、淡黄色和灰黑色。羽毛状尾巴是这一品种的特征之一，直直地平放在背后，尾巴上布满长、粗硬、散开且直的被毛。

内容	推荐指数
体味	★★★
掉毛	★★★
吠叫	★★
运动需求量	★★★★★
卫生习惯	★★★★
综合推荐	博美犬是非常聪明活泼的犬，具有非常出众的气质，若加以适当的训练，将比较适合家庭饲养。但是其生性敏感，甚至有点神经质，容易吠叫而扰邻，具有遗传病的缺陷

生活习性

博美犬是一种性格外向、非常聪明而且活泼的犬，是非常优秀的伴侣犬，同时也是很有竞争力的比赛犬。博美犬对自己喜欢的事情永远都是开朗活泼地去面对，好奇心很强，会主动观察吸引它的事物。可是它们比较容易紧张，对于没有见过的人或没有听到过的声响都很敏感，会用愤怒的声音来表示它们的不安与不满，所以容易出现吠叫的现象，饲主需要多了解它们的需求，并给予适当训练。

饲养特点

虽然它们体形较小，但它们容易对小孩造成伤害。博美犬骨架相当纤细，不经意的撞击可能会造成骨折或脱臼。博美犬无体臭又少掉毛，比较容易饲养，但需经常梳理被毛维持美观，不适合生活忙碌的人士饲养。博美犬身形轻巧，对生活环境要求不高，很适合居住环境狭窄的城市家庭室内饲养。不但可供玩赏，也可作为看家犬。

6. 比熊犬

外貌体征

比熊犬头圆、眼睛圆、整个身体圆。骨骼结构紧凑、匀称，属中等骨架。身高为24~29厘米，身长比体高长1/4。

头部 略微圆拱。眼睛为圆形，颜色为黑色或深褐色，直视前方，眼神深邃。眼睛过大、突出、杏仁状或斗鸡眼都属于缺陷。眼睑是黑色或深棕色。耳朵下垂，隐藏在长而流动的毛发中。耳朵的位置略高于眼睛所在的水平线，并且在脑袋比较靠前的位置。所以当它警惕时，耳朵成为面部表情的一部分。鼻子突出，鼻镜黑色，嘴唇黑色。

四肢 肩胛骨、上臂骨和前臂骨长度几乎相等。肩向后成45°角，上臂向后延伸，腿骨发育中等，直立，在前臂和腕部没有突出或弯曲，肘部与躯干紧贴，掌部于垂直处有一斜度。后肢发育程度中等，腿部呈弓形，肌肉发达，较宽。后肢上下部长度几乎相等。脚掌紧而圆，类似所谓的猫足，直接指向前方，既不向内弯也不向外翻。脚垫黑色。

产地血统

原产地中海地区，起源于15世纪，一种会游泳的长鬈毛小犬的后代。最初比熊犬分为马耳特比熊犬、博洛尼亚比熊犬、哈瓦那比熊犬和塔纳利福比熊犬等4个源自地中海区域的类别。目前比熊犬被认为是法国的犬种，但真正的起源不详。有一种说法是14世纪时，水手将它们从加那利群岛的特纳里夫岛带到地中海来的，因为它与马尔济斯犬相似，说明两种犬有相同的祖先；另一种说法是在文艺复兴时代，由船员带到意大利的，受到意大利贵族的喜爱，毛被剪成如同狮子的鬈毛一般。1971年，AKC正式认可此犬种。

被毛 被毛的质地最为重要，底毛柔软而浓厚，外层披毛粗硬且卷曲。两种毛发结合，触摸时产生一种柔软而坚固的感觉，拍上去的感觉像长毛绒或天鹅绒一样有弹性。毛色为白色，在耳朵周围或身躯上有浅黄色、奶酪色或杏色阴影。尾巴有许多羽毛，尾巴的位置与背线齐平，温和地卷在背后。

内容	推荐指数
体味	★★★★
掉毛	★★★★
吠叫	★★★★
运动需求量	★★★★
卫生习惯	★★★★
综合推荐	比熊犬是非常温柔、爱玩耍的犬种，它喜欢运动，需要定期遛狗，它的被毛不断生长，但不脱落，所以需要花比较多的时间为其打理

生活习性

比熊犬体形娇小，但强健。具有欢快的气质，温和而守规矩，顽皮且挚爱。快乐、友好、活泼，而且很容易因为小事情而满足，是一种令人爱不释手的小宠物。对大多数主人提供的运动量，都能适应。

饲养特点

倘若饲主无法为它每天梳理茸茸的鬃毛，其就会因为缺乏整理梳毛而令这些可爱的小毛球纠缠成结，变得一团糟。另外，比熊犬易生牙垢，牙龈易受感染，所以需要特别护理。比熊犬虽适应性强，但对居住环境的要求很高，经常需要有人陪伴，不适于繁忙的上班族和学生饲养。

7. 腊肠犬

原产德国，在12~13世纪时，从体形比较大的标准腊肠犬改良为体形娇小的腊肠犬，属于泰克尔犬的后代，含有古老猎血犬的血统。在古老的埃及法老寝墓中，首先发现雕刻着身体长、四肢短的犬只形象，后经证实其为德国腊肠犬之原始祖先，由此可见此犬种存在的历史已有数千年以上的时间。短毛品种的历史比较悠久，长毛的则是近二三十年才培育出来的犬种。1959年，AKC正式认可此犬种。

腊肠犬根据尺寸的不同可分为标准型和迷你型两种。迷你型在繁殖和犬展中并不单独分类，但独立成为一个级别，以“12个月以后，体重5千克以下”为界定标准。标准型的体重大约在7~15千克之间。

头部 长头形，从上面或从侧面观察，头部逐渐变细直到鼻尖（呈锥形）。头骨略呈弓形，宽窄适中，逐渐倾斜，精巧地形成几乎不可察觉的凹陷。眼睛中等大小，颜色非常深，杏仁形，深色眼圈，眼睛上的额段骨十分突出。鼻梁骨非常有力而突出。耳朵位置非常接近头顶，中等长度，圆形，不狭窄，尖头或合拢。鼻镜又黑又大，鼻孔张开。吻部呈弓形，嘴唇伸长，正好覆盖下颌。

四肢 四肢短。前肢臂部短，前部和外部有结实而柔韧的肌肉，内侧有紧绷的肌腱，背侧略向里弯。肘关节比较紧凑，所以前半部看起来并不是完全笔直。后肢强壮且布满肌肉，趾骨短而强壮，与小腿部垂直，腿既不向里弯也不向外弯，从后面看，笔直且平行。前脚掌丰满，有紧密、厚实的脚垫，足爪略向外倾斜。后脚掌比前足爪小，有四个紧密贴合、圆拱的脚趾，脚垫厚实。

被毛 腊肠犬被毛短、平顺、光滑，既不太长，也不能太薄。尾巴向尾尖逐渐变细，但没有过多的毛发。下腹部的毛发长而柔滑。腊肠犬有三种不同的被毛类型：①短毛型；②刚毛型；③长毛型。有两种规格：标准型和迷你型，这两种规格都有上面三种毛发类型。毛色虽然不重要，但传统的红色（带有或不带深色、浅褐色的阴影散布着）和奶油色是优良的品种。

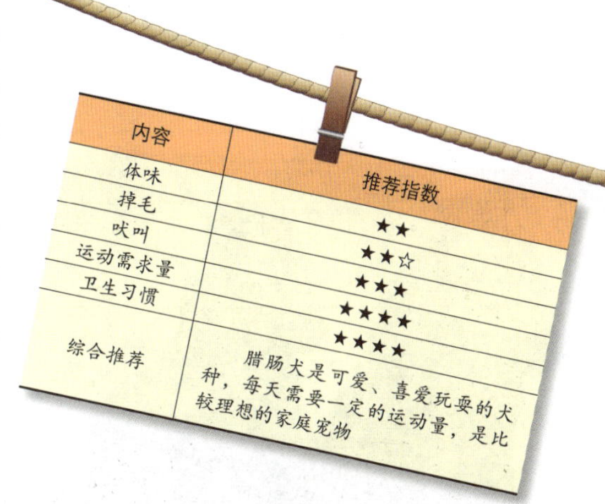

内容	推荐指数
体味	★★
掉毛	★★☆
吠叫	★★★
运动需求量	★★★★
卫生习惯	★★★★
综合推荐	腊肠犬是可爱、喜爱玩耍的犬种，每天需要一定的运动量，是比较理想的家庭宠物

生活习性

腊肠犬勇敢、活泼，无论在地面还是在地下工作时所有的感官都非常发达，工作时不屈不挠，表现机灵，但有点轻率。任何有羞涩胆怯的表现都属于严重缺陷。迷你型腊肠犬很会“吃醋”，它希望和其他狗狗同进同出，没有做狗老大的欲望，但很喜欢争宠，是个懂得察言观色的犬种，特别适合在城市中饲养。

饲养特点

腊肠犬在家安静，在外热情，又不用担心公寓活动空间的不足，而且体味比其他犬种淡，对主人忠诚，所需运动量不大，寿命较长，非常适合做伴侣犬。因为体形的关系，腊肠犬经常爬上爬下的动作会将压力施于腰部，让它们特别容易出现腰椎间盘突出的问题，切忌不能让它们太胖，也不要让它们从高处往下跳或上下楼梯，这样才能保护腊肠犬腰椎的健康。此外，在潮湿闷热的环境中，腊肠犬容易患皮肤霉菌的疾病，保持干燥和注意清洁相当重要。

8. 英国可卡犬

原产英国。源自于西班牙猎犬家族，已存在有几个世纪之久，是最古老的陆地猎犬之一。17世纪以前，这类犬无论其体形大小、身体长短、步伐快慢都被称为西班牙猎犬。猎人根据体形差异在狩猎方面所具有不同的用途，逐步将其分为7个品种：即英国激飞可卡长毛猎犬、威尔斯激飞可卡犬、可卡长毛猎犬、萨西克斯长毛猎犬、牧场长毛猎犬，爱尔兰水猎犬和克伦伯长猎犬。1902年，可卡犬俱乐部在英国成立，1946年9月，美国养犬俱乐部承认它为独立品种。

英国可卡犬结构紧凑，步态有力而不受拘束，站姿良好，是活跃欢乐的猎犬。公犬身高为41~43厘米，母犬的身高为38~41厘米；公犬体重约为13~15千克，母犬的体重约为12~15千克。正确的结构和体质比纯粹的体重更为重要。

头部 整体结实，但绝不粗糙，轮廓柔和，没有尖锐的棱角。从侧面和前面观察，脑袋圆拱而略显平坦。从上面观察，脑袋两侧的平面与口吻两侧的平面大致平行。眼睛中等大小，丰满而略呈卵形。耳朵位置低，紧贴头部，耳廓细腻，能延伸到鼻尖，覆盖着长、丝质、直或略微呈波浪状的毛发。鼻孔开阔，鼻镜颜色为黑色，红色或带红色的杂色犬的鼻镜颜色可以是褐色，但黑色是首选。口吻与脑袋长度一致，适度丰满，只比脑袋稍微窄一点。

四肢 英国可卡犬关节度适中，肩胛斜位，平坦服贴，前腿直，由肘至指骨几乎同粗，腕关节接近笔直，有一定的灵活性。后肢最重要的是与前肢相称，大腿宽、粗，肌肉发达，小腿与大腿等长。脚趾圆拱、紧凑，脚垫厚实。

被毛 头部的毛发短而纤细，身体上的毛发长度适中、平坦或带有轻微的波浪状，丝质质地。英国可卡犬有许多羽状饰毛。尾巴位置位于臀部，理想状态下，尾巴保持水平，在兴奋时，尾巴可能举得高一些，但绝不能向上竖起。

内容	推荐指数
体味	★★☆
掉毛	★★☆
吠叫	★★★★
运动需求量	★★★
卫生习惯	★★★
综合推荐	欢乐，充满感情，使英国可卡犬成为比较优秀的家庭伴侣，无论在野外还是在家里，其尾巴不停摇摆，适应各种环境生活，其被毛需要经常打理，每天需要一定的运动量，非常适合有较多空余时间的城市休闲一族饲养

生活习性

英国可卡犬是欢乐而热情的，既不迟钝也不过度亢奋，性情平稳。它精力旺盛，服从性高，动作敏捷、机警，具有较高的野外工作热情，天性善良、甜美温和，是较为理想的工作犬和忠诚可爱的伴侣犬。

饲养特点

英国可卡犬活泼好动，精力旺盛，每天需要一定的运动量。但其长长的被毛容易打结成团而影响外观，需每天进行刷毛梳理，同时要注意耳朵卫生。不适合繁忙的人士饲养。

9.美国可卡犬

原产美国，起源于19世纪，美国可卡犬是由英国可卡猎犬进一步培育而成的犬种，相较英国可卡犬而言，美国可卡犬体形较小，被毛较长。美国可卡犬的颜色、被毛及其一致性都表明，爱尔兰的西班牙种水猎狗和卷毛的衔猎物犬都是它的祖先，但这一点无法明确证实。1878年，AKC正式认可此犬种。

美国可卡犬是猎犬中体形最小的。它的身体结实紧凑，头部轮廓分明。一般成年公犬的身高在39厘米左右，成年母犬的身高在36厘米左右，体重10~13千克。

头部 圆头形，头骨圆是优势，但不能过分夸张，不能有平坦的趋势。眼睛圆而饱满，直视前方，眼眶的形状使眼睛略呈杏仁状。总体而言，虹膜应为深棕色，颜色越深越好。耳朵呈小叶片状且长，毛发丰富，耳根位置不高于眼下水平线。鼻子应有足够的尺寸并与口吻部和前脸保持平衡，鼻孔发达。黑色、黑白色、黑棕色犬的鼻子应为黑色，其他颜色的犬可为棕色、肝棕色或黑色，颜色越深越好。

四肢 四肢平行、直，骨骼强壮，肌肉发达。足部紧凑，大而圆，足垫坚硬，足既不能向内撇，也不能向外撇。

被毛 身体上的被毛长度适中，内有厚厚的绒毛层保护身体。头部被毛短而细，耳朵、胸部、腹部及四肢被毛较长具有很好的装饰作用。毛色有黑色、花色和棕色斑。

生活习性

美国可卡犬性情温和，感情细腻丰富，一般不会鲁莽行事，它性格开朗活泼、精力充沛，甜美的外形，十分受儿童和女士的喜爱，加上其热情友好，机警敏捷，易于服从和忠于主人，是较为理想的伴侣犬和玩赏犬。其面对陌生人不喜欢吠叫，故不适合作为看门犬。

内容	推荐指数
体味	★★☆
掉毛	★★☆
吠叫	★★★★
运动需求量	★★★
卫生习惯	★★★
综合推荐	美国可卡犬活泼好动，热情友好，十分依恋家人。但其容易过食而肥胖，需要较多的运动量，且需要每天打理被毛，适合有较多空余时间的人饲养

饲养特点

美国可卡犬活泼好动，需保证适当的运动量，一般需每天遛狗2次，故不适合繁忙的人士饲养。美国可卡犬易于发胖的体质，决定其需定量饲喂，不能饲喂过量。该犬被毛较长，容易打结成团，每天需进行刷毛梳理、修剪。其大大下垂的耳朵容易引起耳炎等疾病，要常清洁耳道。

10. 迷你雪纳瑞犬

原产德国，起源于15世纪，在当时的画中出现过。一般认为迷你雪纳瑞犬是由标准雪纳瑞和猴梗交配繁衍而来，但也有人认为是标准雪纳瑞和阿芬品犬、贵宾犬等混血的结果，甚至认为玩具狐狸犬和博美犬也对这一品种产生有贡献。早在1899年，迷你雪纳瑞犬就作为一种单独的品种被展出。自1925年开始，迷你雪纳瑞犬开始在美国饲养并获得了广泛的喜爱。1926年，AKC正式认可此犬种。

迷你雪纳瑞犬身高与体长大致相等，整体形状接近正方形，骨头重量占整体重量较多，躯体结构较为坚实，是一种典型的精力充沛、爱好运动的梗犬类型。其身高在31~36厘米之间，体重6~7千克。

头部 长头形，头部结实，呈矩形，头部宽度从耳朵开始至眼睛至鼻子逐渐变小。前额平坦且较长，无皱纹。口吻与前额呈平行状态，有一个不是很明显的止部，口吻与前额一样长。眼睛呈椭圆形，深陷，为深褐色。耳朵位于头骨顶部，不剪耳时，耳朵小，呈“V”形，向前折向头骨。鼻镜黑色。

四肢 前肢笔直且相互平行，骨量充足。后肢肌肉发达、适度倾斜。足爪短而圆，脚垫厚实，为黑色。足趾呈拱形，紧凑。

被毛 迷你雪纳瑞犬具有坚硬的外层刚毛和浓密的底毛。需对头部、颈部、耳朵、胸部、尾巴及身躯的被毛进行打理以突出品种特点。它的被毛质感相当浓密，但摸起来没有丝绸样质感。AKC承认的毛色有椒盐色、黑银色和纯黑色。但不论什么颜色，皮肤的色素沉积都必须很均匀，在任何位置出现白色或粉色斑块都是严重缺陷。尾根位置高，尾巴上举。需要断尾，长度恰好超过背线即可。

内容	推荐指数
体味	★★★★
掉毛	★★★★
吠叫	★★★
运动需求量	★★★
卫生习惯	★★★★
综合推荐	它聪明，容易训练，无体臭，不掉毛，非常适合在城市家庭饲养，但需要花一定时间陪它玩耍和打理它的双层被毛

生活习性

迷你雪纳瑞犬是勇敢的犬种之一，非常警惕，也比较容易驯服。它与人类相处时非常友好，表现比较聪明，容易获得主人欢心，也比较黏主人，对自己想要做的事锲而不舍。迷你雪纳瑞犬因为其勇敢忠诚、聪明机灵、善解人意的性格和娇小而独特风格的造型，以及无体臭、不掉毛、长寿的特性而深受人们喜爱。

饲养特点

迷你雪纳瑞犬是一种精力充沛、肌肉发达、个性活泼的犬。需要有足够的居住空间和充足的运动量，每天至少需要带它们出门运动半个小时左右，但不需要刻意消耗精力。不适合老年人饲养。

迷你雪纳瑞犬最常见的就是皮肤方面的问题，需要经常帮它们梳毛及检查皮肤，潮湿或过敏都会让雪纳瑞犬身上长疹子（因为本身体质的关系），所以饲主一旦发现皮肤有问题，就要带它们去医院就诊，对症下药、控制病情。

11. 日本狐狸犬

产地血统

原产日本，起源于19世纪，其真正的起源则可追溯至北极附近的雪橇犬和瑞士土犬杂交后代史必滋犬。大约在日本大正13年，由白色的德国狐狸犬与日本犬杂交，改良培育而成为日本狐狸犬。1913年，该犬在日本已成为一种极受欢迎的犬种，1952年，被正式承认为独立犬种。1991年，AKC正式认可此犬种。

外貌体征

狐狸犬可以分为芬兰狐狸犬和日本狐狸犬，体形较小，毛色较浅。日本狐狸犬公犬肩高一般为30.5~40厘米，母犬略小，肩高约为25~35厘米。体重6~10千克。

头部 长头形，头比较大，头盖骨平而宽，鼻梁挺直，前端较细。口吻中等长，尖而不是太细。眼睛圆而大，略呈三角形，眼尾微微上扬。耳朵小且呈三角形，竖立。鼻子小而尖，鼻端为黑色，唇黑而不松弛。

四肢 日本狐狸犬前肢直，肘部平行，紧靠身体且接近胸底。后肢大腿宽阔而肌肉丰满，跗关节弯曲适度。足趾厚实接近圆形，并有丰富的饰毛。

被毛 被毛浓密，直且分开。绒毛粗、短、浓密。毛色以纯白为主。尾为覆盖长饰毛的卷尾，始终卷曲于背上。尾根高。

内容	推荐指数
体味	★★★★
掉毛	★★★
吠叫	★★★
运动需求量	★★★
卫生习惯	★★★★
综合推荐	日本狐狸犬十分聪明，没有体味，雪白的被毛十分惹人喜爱，但其需要经常清洁，且生性猜疑和敏锐，喜欢吠叫，容易扰邻

生活习性

日本狐狸犬对饲主很忠诚，但因生性猜疑，易兴奋，敏锐得稍有些神经质，喜欢吠叫，对陌生人有敌意，是一种机警、聪明、勇敢的犬种，是一种很好的小型“看门犬”。它个性大胆活泼，具有较强的好奇心，却懂得保持恰当的、安全的距离。

饲养特点

日本狐狸犬体形较小，容易饲养，因其是来自气候寒冷地区的狐狸犬种，1周2~3次的梳毛是需要的，每次约10分钟，去除已淘汰脱落的毛发。因为它没有体味，所以不用频繁洗澡。但其脸部极易弄脏，需要经常清洁。每天需要有一定的运动量。

12. 迷你杜宾犬

原产德国，迷你杜宾犬是小型的都柏文犬，已经存在了好几个世纪。1895年，德国都柏文犬俱乐部设立，接着迷你都柏文犬也得到公认。1928年以前，在美国的犬展上很少看到迷你都柏文犬，1929年美国迷你都柏文犬俱乐部成立才加快了这种犬的发展。在那以前，迷你都柏文犬曾在混合犬组参展，迷你都柏文犬俱乐部的成立极大地推动了其发展，这种小犬的知名度越来越高。

迷你杜宾犬身体匀称、结实、紧凑。一般身高在25~32厘米间，体重4~5千克。公犬的身体长度等于身高，母犬身体略长一些。

头部　与身体比例恰当。前端变窄，比例合适，头颅平坦，向口吻方向变窄。眼睛饱满，略呈卵形，清楚、明亮、深色甚至是纯黑色。耳朵位置高，立耳。口吻强壮而不是精巧纤细，与头部组成一个整体。除了巧克力色的犬(与体色一致)之外，鼻镜只允许黑色。

四肢　前肢直，骨骼发达，关节小；后肢肌肉发达，且两后肢分得较开。足爪小，猫爪，足趾强壮，呈拱形且紧密，脚垫厚实，趾甲厚而钝。前腿和后腿平行移动，脚既不向内弯，也不向外弯。后躯驱动力强。

被毛　被毛短而平滑，直且有光泽，紧贴全身。毛色以巧克力色、黑色、蓝色为底色，搭配黄褐色斑纹或红色系列斑纹。被毛为黑褐色则为典型的迷你杜宾犬。比较优良的品种为胸部没有白毛的犬类。尾根高，竖立，在适当位置截断。

内容	推荐指数
体味	★★★
掉毛	★★★
吠叫	★★★
运动需求量	★★★★
卫生习惯	★★★★
综合推荐	迷你杜宾犬聪明勇敢，一身光滑的被毛不需要太多时间打理，但其精力旺盛，需要一定的运动量

生活习性

迷你杜宾犬是非常好的看家犬，也是抓老鼠的能手。走路的姿势昂首挺胸，充满着生气勃勃的表情，它勇敢活泼、沉着冷静，警戒心强、聪明、忠实，体形虽然小，却十分勇敢，精力旺盛。其一身光滑的被毛很少需要梳理，总是保持整洁。迷你杜宾犬很听话，易接受训练。嗅觉很灵敏，常用来追踪线索。

饲养特点

迷你杜宾犬皮毛很易护理，用木刷、梳刷和丝帕就能使它皮毛光亮，只需定期清洁与整理即可。虽然迷你杜宾犬只需要适度训练，但是仍要定期进行自由奔跑和玩耍。适合城市家庭饲养。

13.法国斗牛犬

原产法国，祖先是英国斗牛犬。大约在1860年，许多玩具斗牛犬从英国流入法国，同当地其他品种犬杂交，最终被培育成体形小、耳似玫瑰或蝙蝠耳状的法国斗牛犬。1868年，巴黎出现了一种新的小型斗牛犬，这就是最早的法国斗牛犬。1898年，法国中层社会认可了法国斗牛犬这一品种。

外貌体征

法国斗牛犬是一种聪明、活泼、骨骼肌肉发达的犬，它的骨骼占整体分量较多，结构紧凑，为中小体形。法国斗牛犬肩高30~31厘米，公犬体重10~13千克，母犬体重9~10千克。

头部 短而巨大，脸面短，下颚突出于上方，整体显出特异的平衡感。前额宽呈四方形，脸颊圆，面部皱纹多且深，尤其是鼻子上的皱纹大而长。眼睛中等大小，形状圆，深暗色，两眼距离较宽，眼部不突出也不凹陷。耳朵位置较高，小而薄，两耳根外侧与头骨外线结合，最理想的耳朵形状为“蔷薇耳”。口吻短而宽，鼻子大而宽，鼻端深陷入两耳间，鼻孔大、斜朝上，两孔间有裂缝，鼻镜以黑色为佳。

四肢 前肢骨粗短，筋骨强壮，十分发达，外线略呈弓状的轮廓。肘部低，且远离躯体。趾部须大小适中而紧凑，趾关节高，而且须显得粗短。后肢筋骨强壮结实，但不如前肢。后膝关节略朝外，飞节的位置低，大腿长，后趾充分朝外。

被毛 被毛短硬，直接密生于肌肤，滑顺有光泽为最理想。毛色可以多种，但是，明显的黑白斑比污秽的赤虎毛或污浊的单色毛更为理想。尾部短，根基粗，前端变细，螺旋尾、直尾、穗状尾皆宜。

生活习性

法国斗牛犬具有非凡的智力和独特的品位，性情温和、敦厚、忠诚、警觉且非常勇敢，这些特性完全表露于表情与动作上。顽皮且不过度喧闹，容易与孩童相处。战斗中勇敢无畏，宁死不屈，经常威风凛凛地与对手正面决斗，是一种能力较强的优秀警卫犬。

内容	推荐指数
体味	★★
掉毛	★★★
吠叫	★★★★★
运动需求量	★★★★
卫生习惯	★★★★
综合推荐	法国斗牛犬忠诚勇敢，是优秀的警卫犬，但生性厌恶被牵着走，需要加强训练。不常吠叫、安静的性格是极适合城市家庭饲养的优秀伴侣犬

饲养特点

法国斗牛犬天生就非常厌恶被人牵着走，因此牵引训练开始得越早越好。而且其犟劲会令人感到不可思议，一旦发现远处有它非常感兴趣的东西，它便会突然撒开腿，以令人难以置信的速度迅速地跑去，因此外出时一定要用绳子牵好。另外，不可饲喂过多，以免过度肥胖，肥胖除影响它正常生长发育外，还会因肥大的腹部压迫膈肌而影响其呼吸。它不需要经常梳理被毛，容易与别的犬相处，其聪明、敏捷、开朗、亲切、忠诚，且不常吠叫，是极适合城市家庭饲养的优秀伴侣犬。

14. 贵宾犬

产地血统

原产西欧，贵宾犬家族成员包括标准贵宾犬、玩具贵宾犬及迷你贵宾犬，除了体形上的差异外，此三种犬的体态和性情都十分相似。其确切起源不详，迷你贵宾犬和玩具贵宾犬可能是由标准贵宾犬与马耳济斯及哈威那杂交而培育出来的小型品种。在西欧地区有400年历史，此犬多才多艺，在任何环境都能表现出高贵的举止。标准贵宾犬本来是被培育成猎犬的，而迷你贵宾犬和玩具贵宾犬仅仅是伴侣犬。贵宾犬流行于路易十四至路易十六时期的法国宫廷，迷你贵宾犬和玩具贵宾犬则出现在17世纪的绘画中，因此大多数人认为贵宾犬源于法国。

外貌体征

标准贵宾犬：肩高不超过35厘米，体重20~32千克；迷你贵宾犬：肩高25~38厘米，体重7~12千克；玩具贵宾犬：肩高不到25厘米，体重1.5~4千克。只要玩具贵宾犬和迷你贵宾犬体长与肩高的比例恰当，其他方面情况相当，小一些的会比较好。

头部 头颅稍圆，止部浅而清晰。面颊的肌肉和骨骼平。眼睛颜色深，呈卵形，相距比较远。耳朵挂在头两边，耳根位置略低于眼睛。耳朵很长、很宽而且有丰富的饰毛。鼻子口吻长、直，精致，被“雕刻”在眼睛下面。鼻镜为黑色。

四肢 前肢和后肢均直，肌肉发达。足爪小，呈卵形，脚趾呈上拱，脚垫厚实。足爪不向内翻或向外翻。狼爪可以切除。主要缺陷：扁平足或八字脚。

被毛 ①卷毛：天然的粗硬毛发，浓密。②披挂：不同长度的毛发紧紧包裹着身体。身躯、头、耳朵及鬃毛等部位被毛较长。被毛颜色是均匀的单色，与肤色一致，包括蓝色、灰色、银色、褐色、咖啡色、杏色、奶油色等多种颜色，同一颜色还有多种变化。尾巴直，尾根位置高，尾巴上举。

内容	推荐指数
体味	★★★★
掉毛	★★★
吠叫	★★★
运动需求量	★★★★
卫生习惯	★★★★
综合推荐	贵宾犬无体味、不掉毛，性情活跃，十分适合在城市家庭饲养。其自然鬈的被毛需要花一定时间打理

贵宾犬非常聪明，也很容易训练，且无体味，又不易掉毛，十分适合居家饲养。其性情活泼，极易亲近人，是一种忠实的犬种。它对人相当友善，喜欢和饲主互动，会主动找人玩耍，是家庭伴侣犬的好选择，也很适合作为小朋友的玩伴。标准贵宾犬还保留了其作为猎犬时的本领，游泳很好。这种犬天性快乐、温顺，是家庭的好宠物，需要适当的活动。倘若你有足够的时间去伺候它，也是一种很好的观赏犬。

贵宾犬有大、中、小三种体形，饲主可根据自己的居住空间理性选择。但贵宾犬比较娇气、非常黏人，美容护理繁琐。贵宾犬适合各个年龄段的人饲养，是很好的公寓犬。贵宾犬的被毛是天生的自然鬈，需要每天梳理毛发，按传统方式修剪和精心美容，使它具有与众不同的神态和特有的高贵姿容。此外还需要多带贵宾犬到户外运动运动。

15.马尔济斯犬

原产地中海地区马耳它岛，起源于公元前500年，是最古老的品种之一。它的祖先可能是欧洲最早的玩赏犬，亨利八世时被带入英国，这是最早可追溯到带入欧洲的时间。从公元前13世纪的埃及古墓里可以发现近似此犬的雕像。1877年，此犬第一次出现在伦敦西敏寺狗展，1888年，AKC正式认可此犬种。

马尔济斯犬有一身丝般的纯白色长毛、甜美闪耀的双眸、精巧而秀气的脸庞，体态优雅，让很多人一见就非常喜欢。它一般肩高不超过25厘米，体重2~2.7千克，寿命14~16岁。

头部 圆头形，与体形大小相比长度适中。颅顶部略呈圆形，额鼻阶适度。眼间距极宽，眼色极深而呈圆形，眼线分明，眼睫毛长而翘。耳朵下垂，耳位较低，有大量长毛形成耳缘饰毛，毛下垂至头。鼻子呈黑色，吻长适中。

四肢 前肢短且直，纤细，前脚跟关节部结合紧密，无明显的弯曲。后肢力强，大腿肌肉发达，膝关节和跗关节适度弯曲。足掌小且圆，被毛覆盖，肉趾以黑色较好。

被毛 单层被毛，即无绒毛层。被毛长、平而呈丝状，向体侧下垂及地，有任何缠纹、卷曲或毛茸茸状迹象都是不好的。毛色以纯白为好，允许耳部有淡黄褐色或柠檬色，但不是最好。尾有长羽状饰毛，优美地伏于背上，尾尖向体侧超过1/4。

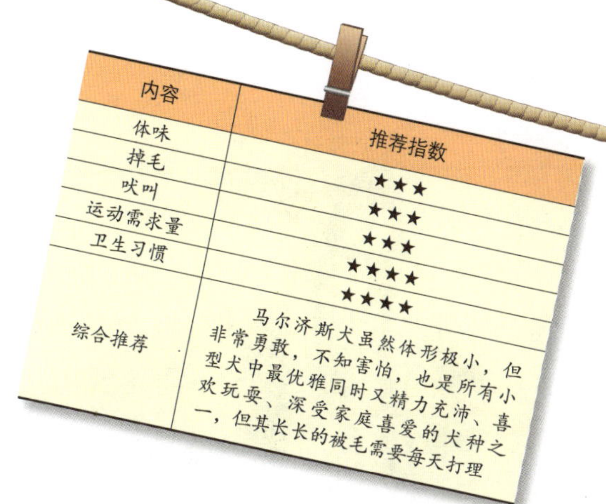

内容	推荐指数
体味	★★★
掉毛	★★★
吠叫	★★★
运动需求量	★★★★
卫生习惯	★★★★
综合推荐	马尔济斯犬虽然体形极小，但非常勇敢，不知害怕，也是所有小型犬中最优雅同时又精力充沛、喜欢玩耍、深受家庭喜爱的犬种之一，但其长长的被毛需要每天打理

生活习性

尽管马尔济斯犬体形极小，但却似乎不知道害怕，它的自信和有感情的反应是很诱人的，比较勇敢但不过分敏感，不会特别吠叫。它是所有小型犬中态度最温和的，但它又是活泼爱玩和生气勃勃的，它高贵、聪明，而且非常依恋它的主人。对儿童特别友好，具有良好的体质而长寿。

饲养特点

马尔济斯犬虽然不需要太大的空间，但要求精心照顾，每天必须彻底地梳理、刷净它的长毛。这种犬不脱毛，但它的毛长及地往往会将许多污物带进屋内。由于它对潮湿很敏感，阴雨天每次外出后都必须擦干、吹燥，因此不适合繁忙的人士饲养。此外，马尔济斯犬对运动的要求不高，要特别注意其眼泪对眼部周围毛发的侵蚀，需勤护理。

16. 西施犬

产地血统

原产中国，传说在17世纪中叶，由起源于中国西藏的拉萨狮子犬与北京犬杂交而得。西施犬在中国被视为珍贵的宝贝，经常被当做馈赠的礼物，是中国皇室相当喜爱的犬种，因其外形很像狮子，又名“狮子狗”。于19世纪30年代被带往英国，从此流传开来。英国于1935年成立了西施犬俱乐部，再由英国引入到其他欧洲国家以及澳大利亚。第二次世界大战期间驻英美军回国时又引入了美国。1969年，AKC正式认可此犬种。

外貌体征

西施犬出身高贵，气质不凡。尽管西施犬的体形大小不一，但是身体紧凑、结实。一般身高20~28厘米，体重4~8千克，体长比身高略长。

头部 圆头形，宽，脑袋圆拱形。眼睛大而圆，不外突，四周有花纹，视线笔直向前。耳朵大，耳根位于头顶下略低一点的地方，长有浓密的被毛。鼻孔宽大、张开。鼻镜、嘴唇、眼圈为黑色。下巴口吻宽、短，无皱纹，上唇厚实。

四肢 腿直，骨骼良好，肌肉发达，前脚跟强壮，与地面垂直；从后面看后肢直，膝关节屈曲，同侧的后肢与前肢在一条直线上。足掌结实，脚垫发达，脚尖向前。

被毛 双层毛，披毛丰厚，波浪形，底毛细密，柔软，毛长而平滑，允许有轻微波状起伏。毛色有黑白色、灰白色、深褐色、墨绿色和浅黄色，在各色中，尾尖被毛以白色的为最好。尾毛丰富，为羽毛状饰毛，卷曲在犬的背上。

内容	推荐指数
体味	★★★
掉毛	★★★
吠叫	★★★
运动需求量	★★★★
卫生习惯	★★★★
综合推荐	西施犬自信聪明，长长的被毛通过日常打理十分漂亮，它十分喜欢与人交往又不黏人，比较适合城市家庭饲养，但其容易生病的体质在饲养前需做好准备

生活习性

西施犬结实、活泼、警惕、自信、聪明，爱与儿童、动物玩耍，对所有人都友好而信任。其个性传统，血统高贵，总是高傲地昂着头，尾巴翻卷在背上，姿态傲慢。它喜欢与人交往，但不黏人，饲主有事，它不会去打扰，而是自得其乐。

饲养特点

西施犬的运动需求量不是很大，并不需要特地陪它们外出消耗体力。其最重要的日常护理就是被毛的梳理，西施犬毛长而脆，容易折断和脱落，故除了梳毛外，还应替它扎毛。西施犬的眼睛大而圆，外露面积多，容易感染细菌而引起角膜发炎，故应每天或隔天用2%硼酸水或眼药水洗眼。西施犬的体质弱，故极易生病，而腰椎易伤也是西施犬天生的弱点，故需饲主特别注意。

17. 约克夏梗

原产英国，约克夏梗发展的历史不到100年，产于英国约克郡。它属于犬中较新的品种。19世纪中期，有些苏格兰人南下到约克夏毛织厂找工作时，随身携带了斯开岛梗等各种梗类犬一起前往，后来这些梗类犬和当地类似梗的土著犬异种交配育成约克夏梗。另外，此犬也含有马尔济斯犬、黑褐梗、曼彻斯特梗、短脚长毛梗的血统。1885年，AKC正式认可此犬种。

约克夏梗身材小巧、体格坚挺，匀称，骨骼不肥大，背部平直。体形仅次于吉娃娃小型犬，是世界上最小的犬种之一。身高约17~20厘米，体重一般在3.5千克以下。

头部 方头形，头部小而且顶部较平。眼睛为中等大小的杏形眼，明亮清澈，嵌在脸上看起来就像两颗宝石，呈暗褐色，眼圈为黑色。耳朵小，呈“V”字形，直立耳。鼻子为黑色。

四肢 前腿直，肘部既不内翻也不外翻。从后面看，后腿直，而从侧面看，后膝关节呈适当的角度。后腿如果有狼爪，则必须切除，前腿如果有狼爪，也可以考虑切除。足爪圆，趾甲为黑色。

被毛 被毛有光泽、精致，像丝一般。身体上的被毛长且十分直。头顶的毛发可以梳到中间结起来，或从中间分开，向两边梳，并结成两个髻。口吻上的毛发非常长。一般头部、四肢和胸部的毛色为金黄色或铁青色。

内容	推荐指数
体味	★★★★
掉毛	★★★
吠叫	★★★
运动需求量	★★★★
卫生习惯	★★★★
综合推荐	约克夏梗容易适应各种环境，其较小的体形不需要太大的运动量，但其每天需要与主人有一定的情感交流，长长的被毛也需定期打理，比较适合有较多空余时间的人饲养

约克夏梗活泼好动，聪明、温顺、友善，动作轻盈敏捷，姿容典雅而尊贵。体形虽小，但是生性勇敢，对于巨形的犬种并不胆怯，而且对环境的变化也相当敏感，因而能负责看护家园的工作。喜欢撒娇，对主人忠心、热情，对陌生人则有所保留。

约克夏梗毛长，应经常整理梳洗被毛。还应定期清洁牙齿、耳道、眼睛。如经常坚持梳理和干洗，则只需数月洗澡1次。被毛应定期修饰、扎毛。约克夏梗平时只要在户内活动即可达到所需的运动量，不必经常牵出去运动。

18. 柯基犬

产地血统

原产英国，柯基犬有两种，一种是彭布罗克威尔士柯基犬，另一种是卡地甘威尔士柯基犬，其中彭布罗克威尔士柯基犬在国内占多数。其原产地为英国威尔士，起源于11世纪。此犬种的发源可能与瑞典的某种犬有关。有人认为，是随着威尔士与瑞典贸易活动传至威尔士的瑞典短脚长身犬和土著犬交配而产生了柯基犬。但也有人认为是1107年由法兰德斯工人携带过来的犬种，根据其近似狐狸的头部，认为此犬与尖嘴犬祖先关系密切。犬名柯基是威尔士语“corrgi”娇小之犬的意思。

外貌体征

柯基犬低矮，强壮，立耳、长身、短腿。身高约26~31厘米，公犬体重约12千克，母犬约11千克。

头部　头部的外观和形状很像狐狸。眼睛为卵形，中等大小，不圆，不突出，稍微有点斜。颜色为与被毛相称的不同深浅的褐色。眼圈颜色深，最好为黑色。耳朵为立耳，坚实，中等大小，尖端略细，末端为圆弧形。耳朵灵活，对声音敏感。鼻镜黑色且色素充足，嘴唇黑色，紧密。口吻给人的印象是略呈锥形。

四肢　前肢短，骨骼发达，且与脚垂直，前臂略向内转，前肢显得不太直。后肢骨骼发达。足掌为卵形，中间的两根脚趾比边上的两根脚趾略向前一点。脚垫结实，足爪圆拱。趾甲短。

被毛　被毛中等长度、非常浓密，由能抵御恶劣气候的底毛和粗硬、略长的外层披毛组成。整体来看，长度多变，略厚、略长的围脖环绕着颈部，胸腔和肩部、身躯的被毛平躺着，前肢后部和身体下部的毛发略长，后躯的毛发稍微丰满一些、长一些。被毛的颜色以红色、深褐色、驼色及黑色加棕色为主，带有或不带白色斑纹。

内容	推荐指数
体味	★★★
掉毛	★★★
吠叫	★★★
运动需求量	★★★
卫生习惯	★★★
综合推荐	柯基犬生性活泼好动，精力旺盛，喜欢用声音表达感情，若你有精力训练它，有独立的院子或场所饲养它，那它十分适合你

生活习性

柯基犬相当活泼好动，天生热爱运动，喜欢户外活动，也喜欢跟饲主黏在一起。在家庭生活中它可以表现得异常理智，成年后很少在家中上蹿下跳、翻箱倒柜。它活跃、温顺，富有感情，很适合与小朋友在一起。对陌生人有警戒心，可作守卫犬。因其天生的工作习性，喜欢到处咬东西，也会不经意间轻咬人的脚后跟，因此，饲养时，应注意这种习惯动作。

饲养特点

柯基犬的精力相当的旺盛，需要每天运动。因为是短毛犬且毛质柔顺，只需用刷子帮它们刷掉背上的底毛即可。此外，柯基犬容易吠叫，喜欢用声音表达情绪，需特别注意训练，以免造成饲养上的困扰。此犬适合城市家庭饲养。

19. 苏格兰梗

原产英国，起源于19世纪，绰号“苏格兰小子”。历史非常久远，但其确切的源头谱系已经不清楚。有人认为苏格兰梗是高低梗类中最古老的品种，其他梗类只是高低梗的分支。1882年，此犬的标准被制定出来。第一次出现记录是1860年，1885年，AKC正式认可此犬种。

苏格兰梗身体厚实，骨量充足。黝黑的身躯、刚硬的毛发、不高的体形，给人一种天性勇猛的感觉。身高25~28厘米，体重8.5~10.5千克。

头部 长头形，头颅较长，平滑，没有突起或凹陷的地方，且面颊平而整洁。中等宽度，略拱且头顶较短，毛发硬。从侧面观察，头颅显得较平。鼻镜为黑色，大小适中。口吻的长度与头颅大致相等，从止部到鼻镜略呈轻微的锥形。

四肢 前肢的骨骼非常粗重，垂直或略有弯曲，肘部贴近身躯，位于肩胛之下，前胸明显在它前面。苏格兰梗的肘部不能向外。大腿的肌肉应该发达而且有力，后膝关节适当弯曲。前足爪应该比后足爪大，且圆、厚实、紧凑，有长而结实的趾甲。

被毛 苏格兰梗具有起伏不平的被毛。外层披毛为刚毛，毛质硬，内层底毛柔软浓密。毛色以黑色为基调，另有小麦色或带有其他颜色的斑点；有些黑色或斑点色的苏格兰梗带有少许白色或银色毛发。毛色上仅允许在胸部和下颌有小范围白色斑纹。尾根位置高，竖直举着，根部粗壮，逐渐变细，覆盖着短而硬的毛发。

内容	推荐指数
体味	★★★
掉毛	★★★
吠叫	★★★
运动需求量	★★★★
卫生习惯	★★★★
综合推荐	苏格兰梗勇敢理智，十分忠心，但性格顽固，不易驯服，被毛脆弱，需要注意打理清洁

生活习性

苏格兰梗警惕而勇敢，对其他犬具有攻击性，是不容易驯服的犬种。虽然个性相当的忠心，不过有时候太过于独立而显得冷漠，但对人友好而温和。它是坚定而有主见的犬，“抬头、昂尾”的姿势表现出它的热情和理智。有时力气大，蛮横，所以有“顽固分子”的雅号。

饲养特点

苏格兰梗的被毛比较脆弱，需注意保养清洁，避免其患皮肤病，最好每日梳理，并定期修剪毛发。此外，苏格兰梗好吃，容易发胖，需注意适当运动。因脾气顽固，所以不适合群养。

20. 西部高地白梗

产地血统

原产英国苏格兰，起源于19世纪，在著名饲养者亚盖尔公爵的旦巴顿郡领地上，马尔科姆上校曾在波多罗克村中进行了长达60多年的培育工作，与白毛犬品种交配，固定了今日我们所熟知的容貌。所以西部高地白梗曾经叫做波多罗克梗，第一次出现记录在1907年，1908年，AKC正式认可此犬种。

外貌体征

西部高地白梗是一种紧凑的犬，身体平衡、结构简短、骨量充足。身高25~28厘米，体重7~10千克。

头部 方头形，圆顶形的头骨，头颅宽，头顶不平坦，两耳间略呈圆拱形。眼睛中等大小，杏仁状，深褐色，位置深，距离分得很开，眼圈微黑色。耳朵小，竖立，两耳间距离比较宽，位于头顶两侧的边缘。耳朵末梢很尖。鼻镜大而黑。口吻钝，比头颅略短，有力且向鼻镜方向轻微变细。

四肢 前肢相对较直，有浓密、短而硬的被毛覆盖。从前面观察，腿并不相互平行，而是略向中心靠拢。后肢大腿肌肉发达，成角良好，两大腿间距离宽，从后面看彼此平行，且后肢相对较短、结实。

被毛 双层毛，外层披毛由直而硬的白毛组成。长约5.1厘米，颈部和背部被毛较短。理想的被毛应该为硬、直、呈白色。饰毛稍软，较长些。毛色为白色。尾巴相对较短，骨量充足，形状像胡萝卜。

内容	推荐指数
体味	★★★
掉毛	★★★
吠叫	★★★
运动需求量	★★★
卫生习惯	★★★★
综合推荐	西部高地白梗聪明、活泼，气质优雅，只认第一个饲主，比较贴心。但需要时间经常打理被毛，以保持其良好气质，且要给予其较大的运动量

生活习性

西部高地白梗聪明伶俐、活泼、自信，待人友善、热情，是一种小体形、爱玩、协调性好、性格坚定的梗类犬，具有良好的艺术气质，非常自负。西部高地白梗是一种适合家庭饲养的犬种，且其只认第一个饲主，非常贴心。

饲养特点

西部高地白梗的被毛浓密而厚，需要保持清洁，以防止皮肤病的发生。同时为保持西部高地白梗的毛质，它的被毛需要用拔的方式来整理，否则其被毛就会变得软塌，失去蓬松感。此外，它需要充足的活动空间和较大的运动量。

21. 巴吉度猎犬

原产法国，起源于19世纪，巴吉度猎犬是一种古老而高贵的猎犬品种。它源于法国，20世纪后在英国发展起来，到现在已经有约100年的历史了。它是法国有代表性的猎犬，与腊肠犬并列，是身长、腿短的代表犬。于1880年由贵族带到英国。美国独立战争之后，友人赠乔治·华盛顿此犬，从而到达美国。1885年，AKC正式认可此犬种。

巴吉度猎犬是一种腿短、身圆、耳大、皮肤松弛的特色犬种，整体身体坚实，平衡性好。一般身高33~38厘米，体重18~27千克。

头部 长头形，圆形的头顶，头骨是半球形的，枕骨凸起十分明显。整个头部的皮松弛，当它低下头时，额头上堆积着明显的褶皱。眼睛有些轻微凹陷，颜色以褐色、咖啡色为最佳。耳朵大、长，位置较低，垂在脸部两侧。吻部深而厚，鼻子呈暗黑色，黑色最佳。鼻孔大而完全敞开。厚厚的肉嘴，嘴唇呈黑色，下垂着。喉垂十分明显。

四肢 前腿短而有力，骨头大。肘部不外弯也不内翻。上前肢轻微内斜，但不影响自如的活动。后肢肌肉发达，站立良好，后视时几乎是球面效果。膝关节弯曲良好。足掌巨大，趾关节上跷，肉垫良好。

被毛 被毛硬、短、光滑，整体轮廓清晰、无饰毛。皮松弛而有弹性。毛色通常为黑色、白色和棕褐色，也有柠檬色和白色相间的，尾巴根部强壮，渐渐变细，下部有适量的粗毛。

巴吉度猎犬性格顽强，秉承祖先靠嗅觉狩猎的血统，拥有一系列的直觉，在野外有着很强的忍耐力，有自己的主见，比较自我，喜欢按照自己的意愿做事。巴吉度猎犬喜欢游荡，每天需要较大的运动量。叫声宏亮有力，有时会影响饲主生活。自我的个性强，训练难度大。

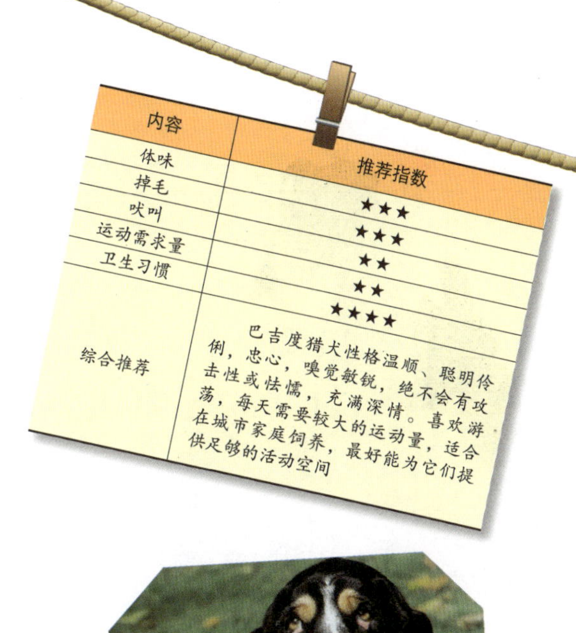

内容	推荐指数
体味	★★★
掉毛	★★★
吠叫	★★
运动需求量	★★
卫生习惯	★★★★
综合推荐	巴吉度猎犬性格温顺、聪明伶俐，忠心，嗅觉敏锐，绝不会有攻击性或怯懦，充满深情。喜欢游荡，每天需要较大的运动量，适合在城市家庭饲养，最好能为它们提供足够的活动空间

巴吉度猎犬皮肤比较敏感脆弱，需保持清洁干燥的居住环境，避免过度洗澡，多晒太阳可以降低皮肤病的发生概率。此外，巴吉度猎犬的食量非常大，需注意过度肥胖问题。每天要有一定的运动量。此犬长时间独处可能会因焦虑不安而大叫，表现出破坏性。不适合上班族饲养。

22. 猎狐梗

原产英国，猎狐梗属于传统的英国梗类，起源于18世纪，为猎狐而培育的犬种，分为刚毛和短毛两种。刚毛猎狐梗除了毛皮浓密粗糙之外，在其他方面和短毛种完全相同。短毛种要比刚毛种早20年出现在犬展中，但后来刚毛种的受欢迎程度超过了短毛种。1885年在美国成立了猎狐梗犬俱乐部，1985年正式分为刚毛和短毛两种。

猎狐梗颈部整洁且肌肉发达，喉部没有赘肉。背部短、直、结实，不显松弛。胸部深但不宽，腰部非常有力，肌肉发达。身高38~39厘米，体重7~8千克。

头部 长头形，头颅平坦而且略窄，面颊不丰满。眼睛和眼眶颜色深，较小，位置深，形状接近圆形。耳朵呈“V”字形，很小，中等厚度，向前垂在面颊边。鼻子相对口吻部分，逐渐变细，鼻镜为黑色。

四肢 前肢笔直，骨骼强壮。脚腕短而直。后躯结实而且肌肉发达，大腿长而有力，后膝关节角度恰当，不向内翻也不向外翻；当犬站立时，后膝关节弯曲，从前面或后面看，腿在运动中保持笔直。足爪圆，紧凑且不大，脚垫坚硬而且坚韧，足尖呈适度的拱形。

内容	推荐指数
体味	★★★
掉毛	★★
吠叫	★★
运动需求量	★★★★
卫生习惯	★★★
综合推荐	猎狐梗天性机敏活泼，加上敏锐的视力和灵敏的嗅觉，使得它们成为狩猎者的最爱之一。适合居住在城市家庭里，最好能为它们提供足够的活动空间

被毛 双层毛，底毛短而平，披毛柔滑、平坦，自然弯曲，浓密而且毛量丰厚。毛色以白色为主，带有黑色、褐色等颜色斑纹，红色、猪肝色斑纹不受欢迎。

生活习性

猎狐梗的个性机敏活泼，动作迅速，加上它们敏锐的视力和灵敏的嗅觉，使得它们成为狩猎者的最爱之一。它个性开朗坚定、刚烈，往往会和其他犬类发生冲突，但是对饲主非常服从，是优良的家庭守卫犬。由于猎狐梗是培育用来追捕狐狸的，会挖掘、守候在狐狸的洞口，所以它仍然保持有这方面的天性，偶尔会表现出来。

饲养特点

性格外向的猎狐梗活泼好动，所以要给它一定的运动量。猎狐梗只对主人忠心，且嫉妒心强。所以如果你想要在喂养猎狐梗的同时再喂养其他品种的犬，就要从小的时候开始训练。此外，猎狐梗容易出现湿疹之类的皮肤病，饲养时要注意。

23.日本狆

原产中国，日本狆是一种相当古老的玩具犬，起源于8世纪。公元732年，即圣武天皇天平4年，日本狆由中国传到日本。日本皇室及上流社会的特权阶层，尤其宠爱这类异国小型犬种。1853年，由贝利提督携带数只日本狆回英国，由此日本狆被传到英美等国家。1888年，AKC正式认可此犬种。

日本狆体长与身高大致相等。身体结实紧凑，整体非常匀称。其理想的尺寸是身高20~28厘米，体重1.8~3.2千克。

头部 圆头形，脑袋大而宽，在两耳间显得略圆，但不是圆拱形。两眼距离分得很开，眼睛大而圆、颜色深且有光泽，眼角内能看见少量白色，是这个品种特有的。耳朵为垂耳、小“V”字形，位于头顶较偏下的位置。前额突出，与鼻镜齐。鼻子非常短，向上翻且宽，鼻孔开阔。口吻短而宽，褶皱的脸颊和嘴唇正好包住牙齿。

四肢 腿短，骨骼纤细但发育良好，被丰厚的被毛覆盖。前躯腿直，肘部靠近身体。脚尖直或略向外张。后躯从后面看腿直且后膝关节适度弯曲，足爪呈兔形足，成年狗的脚趾直，末端有饰毛。

被毛 虽为单层毛，但毛量丰厚，毛发直，非常柔滑。毛发属于弹性质地且竖立在身体上，颈部、肩部、胸部的被毛形成浓密的鬃毛或毛领。毛色一般为黑白花、红白花和黑白花带褐色斑纹。尾根高，卷在背上，并搭在身体一侧。

内容	推荐指数
体味	★★★
掉毛	★★★★
吠叫	★★★★
运动需求量	★★★☆
卫生习惯	★★★★★
综合推荐	日本狆天生爱干净，聪明、机灵、勇敢、敏感，喜好明确，是理想的家庭伴侣犬，适合在城市家庭里饲养

生活习性

日本狆是一种非常漂亮的玩赏犬和伴侣犬。聪明机警，天生爱干净，非常勇敢，且感情丰富，喜好明确，对熟悉和喜欢的人充满感情，而对陌生人较为冷淡。它喜欢与主人一起活动，感觉敏锐，向主人撒娇被拒绝时，常显得多愁善感。它举止端正潇洒，神态威严高傲，一副“贵族”仪表，幽默，爱表现自己，是人类非常好的伴侣犬。

饲养特点

日本狆长而丰厚的被毛打理十分费时，精力充沛，每天至少需要一个半小时以上的锻炼。除了具有特色的被毛需要经常整理外，其细细的四肢和凸出的眼睛也要小心保护，很多日本狆会因为眼皮过长起皱而影响眼睛，甚至引起发炎，需做手术矫正治疗。

24. 拉萨犬

原产中国西藏，至今已有2000年的历史，除原产地西藏以外，很少见到此犬种。西藏地区有众多的寺庙、喇嘛院，拉萨犬最初的用途就是这些寺院僧侣的陪伴和守卫犬，该犬还被僧侣们视为神圣之物。历史上拉萨犬曾被当作赠礼，进贡朝廷和邻邦，因而广泛流传世界各地。1930年，AKC正式认可此犬种。

拉萨犬体形变化较大。一般身高23~28厘米，体重4~8千克。

头部 沉重的头部饰毛，垂落在眼睛前，有大量胡须和髭须。脑袋窄，在眼睛后面明显凹陷，不平坦，但也不拱起，呈苹果状。眼睛深褐色，椭圆形的眼睛不大不小。耳朵下垂，有丰富的羽状饰毛。鼻镜为黑色，口吻长度适中。

四肢 前腿直；前腿和后腿都有大量毛发覆盖。足掌有许多羽状饰毛，呈圆形，类似猫足，脚垫厚实。

被毛 毛质沉重，直、硬、浓密，非羊毛质或丝质。被毛量多，甚至长及地面，头顶部的毛下垂，盖住眼睛。上毛很长，且粗而直，下毛丰厚。被毛沿着背脊左右清晰地分开。毛色为蜂蜜色、深蓝灰色、金黄色、暗灰色、白色、黑色、茶色等多种颜色。尾巴有大量羽状饰毛，螺旋状卷在背后，末端可能有缠结。

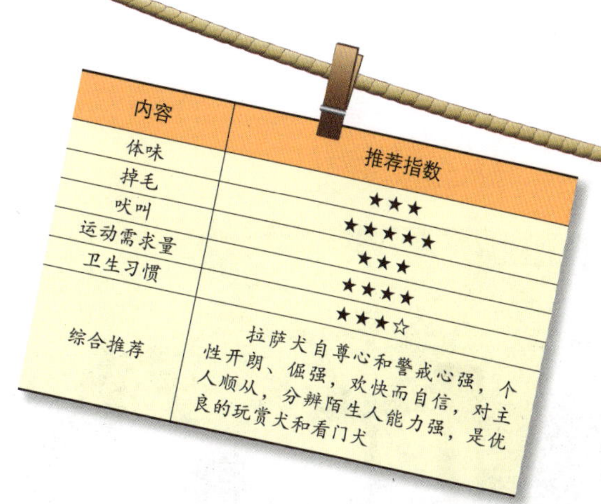

内容	推荐指数
体味	★★★
掉毛	★★★★★
吠叫	★★★
运动需求量	★★★★
卫生习惯	★★★☆
综合推荐	拉萨犬自尊心和警戒心强，个性开朗、倔强，欢快而自信，对主人顺从，分辨陌生人能力强，是优良的玩赏犬和看门犬

生活习性

拉萨犬欢快而自信，自尊心和警戒心强，性格开朗，对可信赖的主人非常顺从。寿命长，适应能力强，分辨陌生人的能力很强，是很适合当看门犬的犬类。

饲养特点

拉萨犬喜爱户外嬉戏，需每天细心梳理长毛。覆盖身体的长被毛一定要定期清洗、整理，注意别让眼睛被前脚擦伤。拉萨犬体形不大，适宜在家庭饲养，能成为很好的伴侣犬。

(二)中型犬

1. 喜乐蒂牧羊犬

外貌体征

喜乐蒂牧羊犬在牧羊犬种中属于非常娇小的，从整体来看，身躯长度显得略长，而背部本身则相当短。身高35厘米左右，体重为6~7千克，大约在9个月时喜乐蒂牧羊犬的身高就定型了。

头部 长头形，头部显得优雅，从上面和侧面观察，头部的形状是一个长而钝的楔形，从耳朵到鼻镜方向逐渐变细。头顶显得平坦。脑袋和口吻的长度相等，交汇点在内眼角处。眼睛中等大小，颜色深，呈杏仁状，稍微有点斜。颜色必须为黑色，仅在蓝色、灰色品种犬中允许有蓝色或灰色眼睛。耳朵比较小，且柔韧，位置较高，3/4直立，尖端折向前方。休息时，耳朵向前折叠，并倒在饰毛中。鼻镜必须为黑色。

四肢 前上肢与肩关节几乎呈90°角，肘关节距地面的距离与距耆甲的距离相等。肌肉、骨骼发达整齐。后肢骨与股骨相连并在膝关节处有一明显角度。足掌呈卵形，紧凑，脚趾圆拱而紧密。脚垫深而坚硬，趾甲硬而结实。后肢狼爪必须切除。

尾巴 尾巴相当长，当尾巴沿着后腿下垂时，尾椎骨的末端至少可以延伸到飞节。

产地血统

原产英国，起源于18世纪。最早是在苏格兰外海的谢德兰岛培育，此后，此犬一直在谢德兰诸岛上担任赶羊群及守卫工作。喜乐蒂牧羊犬的祖先据说是随捕鲸者到达岛上的苏格兰粗毛牧羊犬或冰岛牧羊犬。1908年，雪特兰岛首先成立喜乐蒂牧羊犬俱乐部，翌年苏格兰亦成立俱乐部，1914年，英格兰继之，美国则稍晚些。1911年，AKC正式认可此犬种。

当它休息时，尾巴笔直下垂或略微弯曲。当它警惕时，尾巴通常会举起，但决不能超过后背。

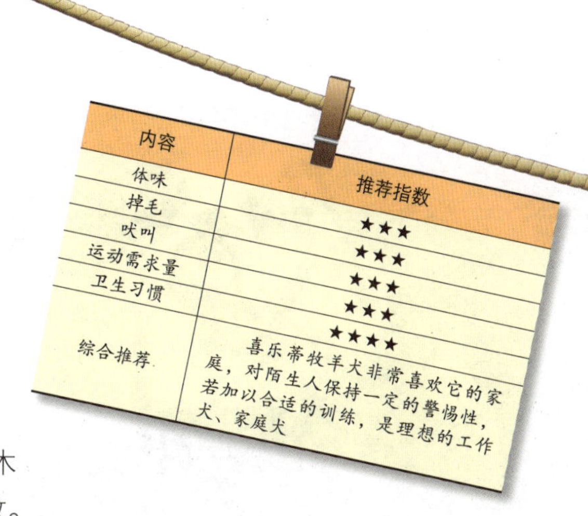

内容	推荐指数
体味	★★★
掉毛	★★★
吠叫	★★★
运动需求量	★★★
卫生习惯	★★★★
综合推荐	喜乐蒂牧羊犬非常喜欢它的家庭，对陌生人保持一定的警惕性，若加以合适的训练，是理想的工作犬、家庭犬

被毛 双层被毛，外层披毛由长、直、粗硬的毛发组成，底毛柔软、浓厚、浓密，使披毛有被“撑起来”的感觉。脸部、耳朵、足爪的毛发较短。有丰厚的鬃毛和饰毛，而且公犬更为明显。前肢后肢都有饰毛，但后肢饰毛更丰富。被毛颜色为黑色、蓝色、芸石色或深褐色(从金色到桃木色都可以)，还会带有不同程度的白色斑纹。

生活习性

喜乐蒂牧羊犬具有惊人的智慧与学习能力。同时，也保留其祖先许多吃苦耐劳的特征，对主人忠实温顺，感情深厚，对陌生人有戒心，是优良的家庭守门犬。它活泼聪明，极易训练，是理想的工作犬、展示犬和家庭犬。此外，它还有将小动物驱赶成群的习惯，有时遇到小朋友，它们甚至也会试着将小朋友围成一圈，充分显示其天生的性格。

饲养特点

喜乐蒂牧羊犬拥有双层被毛，4~6个月换毛一次，需注意定期帮它们整理毛发。另外，好动的它们容易横冲直撞，需每天带它们到外面多跑跑。建议让喜乐蒂牧羊犬与饲主一起生活，让它们从生活中学习，不要总关在笼子里，免得太过于神经质而养成随意对陌生人吠叫的习惯。喜乐蒂牧羊犬属于中小型宠物犬，个体不大，不需要很大的运动量；食量也不大，是一种非常适宜家庭饲养的宠物犬。

2. 英国斗牛犬

外貌体征

理想的英国斗牛犬体形中等，肩宽、厚，稍带倾斜，非常强壮有力。身高35~40厘米，成年公犬体重23~25千克，母犬为18~23千克。

头部 方头形，扁脸，头颅大。眼角为圆形，眼睛中等大小，颜色为深色，当眼睛往前看时，眼睑应盖住眼白，但不能露出瞬膜。耳朵小，位置高，形状为“玫瑰形”的最受欢迎。鼻子大、宽阔，为黑色，鼻尖位于两眼间。鼻孔宽大，两孔间界限明显。

四肢 其前肢略短于后肢。前肢短而非常结实，直而肌肉发达，腿间距宽，前臂发达而呈现弓形轮廓。脚中等大小，紧凑而结实，脚趾紧密，适当分开。后肢肌肉发达，短而结实。英国斗牛犬四肢要短，但不能过短。

产地血统

原产英国，起源于19世纪，是一种历史悠久的犬种，其祖先可追溯至摩鹿斯犬，一种以古希腊摩鹿斯部落命名的斗犬，据说是马士提夫獒犬和牛头梗结合繁衍而成。自12世纪中叶起便被用在血腥的斗牛场上。数百年来，这种犬得到了不断的改良，也有人俗称它为“老虎狗”。1835年斗犬制废除后，逐渐演变成家庭犬。1886年，AKC正式认可此犬种。

被毛 被毛直、短、平坦、紧密且质地细腻，平滑而有光泽。毛色呈虎斑色、红色、白色和乳牛花等，还带有黑白相间或其他色的斑点。短尾巴直或呈螺旋状。

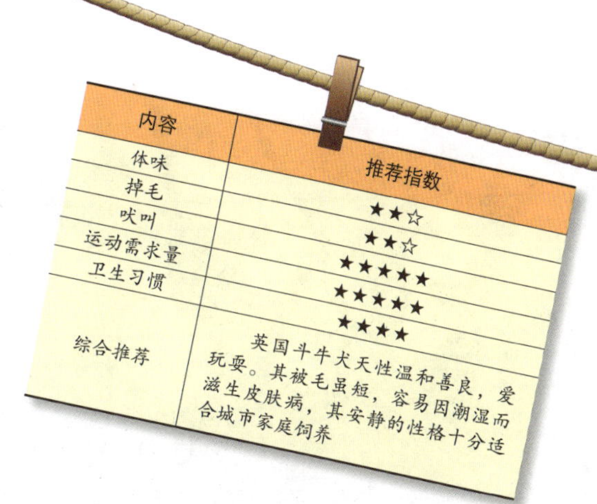

内容	推荐指数
体味	★★☆
掉毛	★★☆
吠叫	★★★★★
运动需求量	★★★★★
卫生习惯	★★★★
综合推荐	英国斗牛犬天性温和善良，爱玩耍。其被毛虽短，容易因潮湿而滋生皮肤病，其安静的性格十分适合城市家庭饲养

生活习性

英国斗牛犬虽然外表丑陋，形貌凶悍，令人望而生畏，但其表情富有韵味，风格独特。它其实是一种温和、天性善良的犬，天生爱玩耍撒娇，是小朋友生活中的最佳伴侣之一，难以想象它属于勇敢且冷静的斗牛犬家族。

饲养特点

英国斗牛犬扁扁的脸形，让它们很容易打呼噜、流口水，甚至天热的时候气喘如牛，故建议不过度运动。在夏天潮湿高温的季节里，容易出现湿疹等皮肤疾病，需要保持身体干燥，沾水后要立即擦干，否则其皱褶处容易出现红斑点，接着会扩散成皮肤病。它是优秀的看门犬，也是亲切友善的伙伴，它们不爱吵闹，不会干扰邻居的生活，所以很适合城市家庭饲养。

3.比格犬

原产英国，比格犬确切的起源已无法考证，据说源自古希腊时代。诺曼人和法兰西人的混血民族都曾饲养此犬作为捕猎用。此犬于1066年传入英国。当时由于其体形较小，故称之为口袋米格鲁犬，现在的米格鲁猎犬即由此犬改良而来的。1895年，英国米格鲁猎犬俱乐部成立，数年后登陆美国。

比格犬体形偏大而结实，外形各部比例匀称。身高30～40厘米，体重7～10千克。

头部 头部较长，后枕骨略微圆拱，头盖骨宽而丰满。眼睛大，两眼间分得较开，颜色为榛色或褐色。耳朵位置略低，贴近头部，长且宽，向前延伸，几乎能达到鼻尖的位置，不能竖起，内边缘略微弯向面颊，尖端圆。鼻孔大而张开。口吻长度适中而且直，略呈清晰的正方形。

四肢 前肢直，骨量充足；后肢结实且肌肉发达。膝关节结实且位置低。足爪紧凑、圆而稳固，脚垫丰满、坚实。

被毛 皮毛光滑、稠密，紧贴身体，被毛坚硬、中等长度。毛色有传统的黑色、白色、黄褐色三种，亦有白色夹杂柠檬色。尾巴位置略高，常欢快地举着。

内容	推荐指数
体味	★★★
掉毛	★★★
吠叫	★★
运动需求量	★★
卫生习惯	★★★★
综合推荐	比格犬性情开朗，表情滑稽，适宜群居，精力非常旺盛，若无合适的训练，破坏力较大，不太适合城市家庭饲养

生活习性

比格犬个性活泼开朗、感觉敏锐，亲切、温和、滑稽、开朗、感情丰富，适合当家庭犬。体形强壮结实、吠声响亮，乐意服从命令及接受训练。但是它是一种群居动物，不适宜单独饲养。如果你的目标只是饲养一只犬的话，它可能不是你适合的犬种，因为如果把它独自留在家中，它的破坏力可能会十分惊人，而且它的吠叫声会令你的邻居十分不满。

饲养特点

如果要对比格犬单独饲养，主人应多花心思给予它应有的基本服从性训练，或者找专业人士训练它，否则它便会成为一只无礼貌、又无家教的小狗。比格犬对运动的需求要超过其他犬，所以每天都应有足够的活动时间，以达到它所需的运动量。上班族和老年人都不适合饲养。

4.西伯利亚哈士奇犬

原产西伯利亚东北部，别名西伯利亚雪橇犬。它是东西伯利亚游牧民族伊奴特乔克治族饲养的犬种，最早是亚洲东北部楚科奇人繁育的，早期被称之为“西伯利亚楚科奇犬的狗儿”，也就是后来哈士奇的祖先。20世纪初，被毛皮商人带至美国，阿拉斯加的美国人开始知道这种雪橇犬。1909年，西伯利亚雪橇犬第一次在阿拉斯加的犬赛中亮相。1930年，西伯利亚雪橇犬俱乐部得到了美国养犬俱乐部的正式承认。

西伯利亚哈士奇犬一般身高为51~60厘米，体重为16~27千克。

头部 中等大小，顶部略圆，吻部较长，自最宽处向眼部渐细。眼如杏仁状，颜色为棕色或蓝色，有的左右眼各一种颜色或者杂色。鼻色为灰中带黑褐色或黑色，纯白色犬的鼻子可能会是肉色。耳中等大小，三角形立状，耳尖略圆，直指上方。

四肢 四肢修长，前躯站立时自前面看，双腿间距适当，平行且直。后躯站立时自后面看，双后肢适当分开且平行，大腿肌肉发达、强健。后膝关节弯曲自然。脚为椭圆形，爪中等大小、紧凑，趾与脚垫之间被毛良好，脚垫粗、厚。

尾巴 狐形尾，外观如同一把圆刷子，被毛良好，厚实且浓密。举起时，尾不会向身体任意一侧卷曲，也不会下折贴在背上。

被毛 被毛为双层，中等长度。底毛柔软、浓密，长度足以支撑外层披毛；外层披毛粗而平直，光滑服贴，不粗糙。毛色尚未统一，但多为白色底，上有银色、灰色、黑色等斑纹。

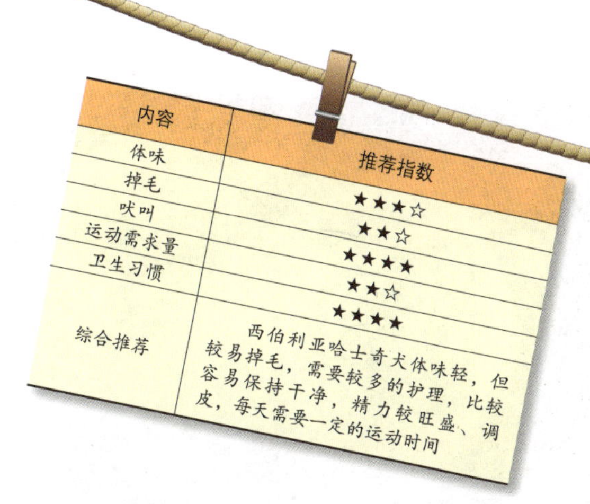

内容	推荐指数
体味	★★★☆
掉毛	★★☆
吠叫	★★★★
运动需求量	★★☆
卫生习惯	★★★★
综合推荐	西伯利亚哈士奇犬体味轻，但较易掉毛，需要较多的护理，比较容易保持干净，精力较旺盛、调皮，每天需要一定的运动时间

生活习性

西伯利亚哈士奇犬个性很温顺友善，几乎不会出现主动攻击人类的现象。喜欢玩耍，自由散漫，吠叫的时候很少，只会在一些特殊情况下发出狼嚎的声音。比较容易接受其他的狗，属于群居类工作犬。在如今社会中依然保持着雪地狼族的原始状态，在家中依赖主人，外出性情表现狂野。西伯利亚哈士奇犬都有一点神经质，总是莫名其妙地做一些让你崩溃的事情，比如走在马路上突然啃完青草就开始狂奔；一出门，就像被你虐待很久一样逃离了你的视线，很容易走失，一般唤回的概率在30%以下。它不能护主看家，敌友不分，对任何人都很热情。

饲养特点

西伯利亚哈士奇犬是寒带犬种，所以炎热潮湿的环境不适合它们，夏天要剃毛。它肠胃功能欠佳易腹泻，易患皮肤病，所以洗澡后要把毛吹干。通常2~7岁时称为活跃期，而8~9岁以后就已经相当于人的中年期，步入老年期后可以喂它一些蛋白质含量低、脂肪含量少的食物。

5. 松狮犬

产地血统

原产中国，是至少已经有2000年历史的古老犬种。有些汉朝文物中也可见到。它也许最初来自于北极，然后移居蒙古、西伯利亚和中国。一些学者声称，松狮犬是萨莫耶德犬、挪威猎鹿犬、波美拉尼亚种狗和荷兰卷尾狮毛狗的祖先。19世纪末在英国出现并逐渐被改良。1903年，AKC正式认可此犬种。

外貌体征

松狮犬颈部强壮、肌肉发达，能很好地弯曲，并有足够的长度，使犬在直立时能保持头部在背线以上骄傲地抬起。背线直、强壮，从肩到尾根水平。身高46~56厘米，体重20~32千克。

头部 圆头形，头骨顶端从横向和纵向看均宽而平坦。眼睛为深褐色，深陷，中等大小，杏仁形。眼缘为黑色，眼睑既不内翻也不下垂，瞳孔清晰可见。耳朵小，三角形，尖端有轻微圆弧，完全直立，略前倾。双耳间距大，内角在头骨顶端。鼻大、宽，呈黑色，鼻孔张开。

四肢 前肢从肘到足笔直，骨量足，与身体其他部分成正比例。从前面看，前肢平行，间距大，与宽阔的胸部相称。后躯宽阔、有力，臀、大腿肌肉发达，骨量足，与前肢几乎一样；从后面看，腿直、平行，间距大，与宽阔的骨盆相称。

被毛 松狮犬有两种被毛，长毛和短毛，均为双层被毛，披毛粗硬，底毛柔软。被毛长而浓密，有红色(从淡金色到深红褐色)、黑色、蓝色、黄棕色(从浅黄褐色到深黄棕色)、米色五种颜色。

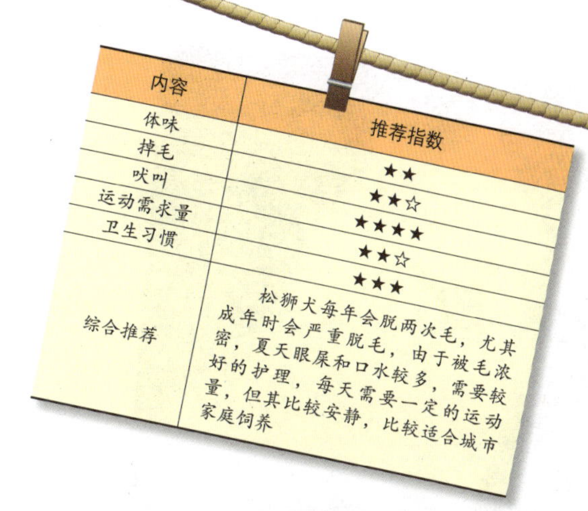

内容	推荐指数
体味	★★
掉毛	★★☆
吠叫	★★★★
运动需求量	★★☆
卫生习惯	★★★
综合推荐	松狮犬每年会脱两次毛，尤其成年时会严重脱毛，由于被毛浓密，夏天眼屎和口水较多，需要较好的护理，每天需要一定的运动量，但其比较安静，比较适合城市家庭饲养

生活习性

松狮犬的性格很独特，聪明但不容易调教，它们很像猫，非常自我、独立、固执。它们不喜欢陌生人且十分地盘主义，只要在它的地域上，它就会保卫所有的东西，它们会对陌生人表现出十分不友善。以自我为中心的性格不能用一般的训犬手法去训练它。

饲养特点

松狮犬是一种很安静的犬种，不需要大量训练，它可以安静地趴在家里一整天。适合城市家庭饲养。松狮犬被毛多，饲主要每天梳理，洗澡后应彻底吹干。松狮犬眼屎多、口水多，要经常擦拭眼部和嘴部，还要注意眼疾和皮肤病。

6.萨摩耶犬

原产俄罗斯北极地区，起源于17世纪。萨摩耶犬以西伯利亚游牧民族萨莫耶德部落而得名，原始的萨摩耶犬是现在已经定居在乌拉尔山以东的极地地区的萨莫耶德游牧部落所培育的。19世纪末，毛皮商人将此犬输入美国及欧洲等地。20世纪初期，在北极探险的热潮中，此犬获殊荣。

萨摩耶犬体形中等，肌肉发达，颈部结实，腿部强健，骨骼比其他同等身高的犬重。颈部与肩结合，形成优美的拱形。身高46~56厘米，体重23~30千克，寿命12~15岁。

头部 颅骨宽，呈楔形，头顶部不圆，略呈拱形，嘴巴尖。耳朵厚而结实，呈三角形，耳尖端略圆，直立。眼睛深陷，黑色，呈杏仁状，下眼睑指向耳根。鼻镜最理想为黑色。

四肢 大腿肌肉发达，膝关节有适当的角度，从后面看，该犬在自然站立时，两后肢平行。两前肢较长，前脚肌肉强壮。从地面到肘部的高度约是从地面到肩胛骨上缘高度的55%左右。

被毛　拥有双层被毛，身体上覆盖一层短、柔软、浓密、紧贴皮肤的底毛，披毛是盖过底毛的比较粗又长的外层毛发，直立在身体表面。披毛围绕颈部和肩部形成“围脖”。毛色有白色、白色夹灰棕色、灰棕色和奶油色。尾巴长度适中，尾巴上覆盖着长长的毛发，警惕时会卷到后背上，或卷向一侧。

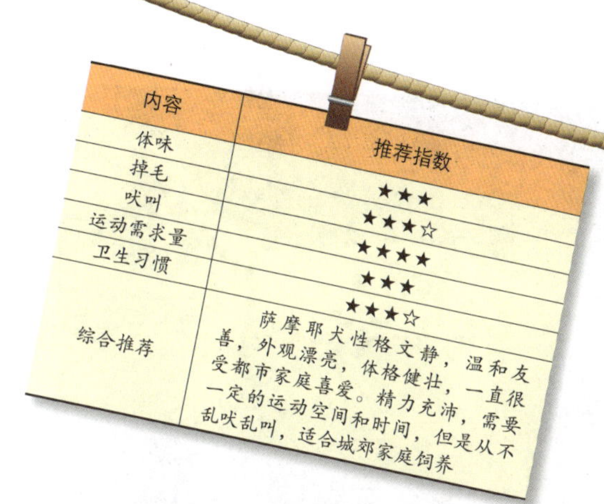

内容	推荐指数
体味	★★★
掉毛	★★★☆
吠叫	★★★★
运动需求量	★★★
卫生习惯	★★★☆
综合推荐	萨摩耶犬性格文静，温和友善，外观漂亮，体格健壮，一直很受都市家庭喜爱。精力充沛，需要一定的运动空间和时间，但是从不乱吠乱叫，适合城郊家庭饲养

生活习性

萨摩耶犬聪明、温和、友善、忠诚、警惕，适应性强，充满活力。乐于服务，不保守，不多疑，不胆怯。萨摩耶犬是跑走型动物，精力旺盛，喜运动，保持身体健康是萨摩耶犬的天性，不可长期关在房屋、笼子等限制它行动的空间里，因此它不适合忙碌的人士饲养。

饲养特点

萨摩耶犬不畏惧寒冷，但十分怕热，夏天需要饲养在空调房间内。它爱好运动，喜户外生活，所以最好是住在郊区，配一个有围栏的院子更佳。另一方面，由于萨摩耶犬性情温顺、乖巧，没有攻击性，能与其他动物和平共处，适合多动物家庭饲养。同时萨摩耶犬有较浓密的毛发，要经常护理。

7.大麦町犬

原产前南斯拉夫。大麦町犬以发源地前南斯拉夫的大麦町地区而得名，起源于15世纪，是一种非常古老的品种。在18世纪初期，它是当地相当重要的拖曳犬，在更早的中世纪，则是知名的狩猎犬。19世纪，英、法等国的贵妇人将它当作马车的护卫犬，为此也有人称其为“马车犬”。

大麦町犬具有优良的体质，骨骼结实而强健，身材匀称，比例协调，整个身躯的长度（胸骨到臀部的距离）与肩高大致相等。身高50~61厘米，体重23~25千克 。

头部 头部与整个身躯较为协调，头颇长，颅顶平坦有垂直浅沟，额段明显，吻长而有力，其顶部较平。眼睛大小适中，颜色通常为蓝色或褐色，或两色的结合，颜色深一点则更好。耳位高，大小适中，呈锥形，贴着头部，耳尖呈圆形，耳廓质地薄而细腻。鼻镜色素充足，黑色斑点的犬，鼻镜颜色为黑色；肝色斑点的犬，鼻镜颜色为褐色。

四肢 四肢非常有力，上臂骨与肩胛骨接合，并形成足够的角度，使足爪正好能位于肩胛下方。前肢结实而直，且骨骼强健，肘部贴近身躯。后躯强健有力，拥有平滑而清晰的肌肉。膝关节弯曲良好。前足爪和后足爪都圆而紧凑，脚垫厚实而有弹性，脚趾圆拱。

尾巴 是背线的自然延伸，略微向上弯曲，根部粗壮，向末端逐渐变细。

被毛 被毛短而浓密、细腻而贴身。被毛外观圆滑、有光泽，毛色为白底带有黑色或褐色斑点，黑色斑点的犬，斑点是浓重的黑色；肝色斑点的犬，斑点的颜色是肝褐色。斑点的大小从5角硬币到1元硬币不等，多为圆形，直径约为1～2厘米，界限分明且越清楚越理想。

内容	推荐指数
体味	★★★☆
掉毛	★★★★
吠叫	★★★
运动需求量	★★★
卫生习惯	★★★☆
综合推荐	大麦町犬爱清洁，喜沐浴。需要经常刷洗被毛。肌肉强健发达且活泼，每天要求一定的运动。性格平静而警惕，表情聪明伶俐，听话易驯，警戒心特别强,但很容易与小孩相处

性情乖巧、温和，活泼聪明、顽皮好动，喜欢与小孩玩耍，喜爱有规律的运动。行动敏捷，易于训练，忠于主人，有责任感，适合做警卫犬或者守护犬。

大麦町犬个体较大，且比较爱活动，因而食物的消耗量相对较大，饲料的供给应比其他犬种多些。大麦町犬是一种精力旺盛的犬类，每天需要大量的运动，不适合老年人及时间有限的人饲养。每次运动后，要用刷子为它梳理被毛，还要定期为它洗澡和修剪脚爪。

8.边境牧羊犬

产地血统

原产英国，起源于18世纪，又名边境柯利，是一种非常聪明的犬种，主要分布在英国、美国、澳大利亚和新西兰四个国家。它具有“眼神控制”的能力，这种能力是通过在英格兰和苏格兰边界地区的牧羊犬发展并且训练出来的，所以人们就把这种犬称作“边境牧羊犬”。1976年，AKC登录为单一犬种，1995年，AKC正式认可此犬种。

边境牧羊犬体形中等，身躯结实，肌肉发达，轮廓平滑。身高48~56厘米，体重14~24千克。

头部　长头形，头骨宽阔，枕骨不突出，头骨与脸颊等长。眼睛中等大小，呈卵圆形，暗褐色或棕色。吻略短且向前渐窄，鼻褐色，耳大小适中呈半直立状。

四肢　前肢粗壮，骨骼发达。后躯宽阔且肌肉发达，大腿长、宽、深且肌肉发达。两后肢长度和发育程度与犬的体形大小成正比。

被毛 有粗毛和短毛两种类型，两种类型都有双层被毛。①粗毛型：毛发长度中等，直而粗，质地平坦；②短毛型：全身的毛发都很短且光滑。毛色为黑白花色、红白花色、黑色、白色、灰色和黄褐色。

内容	推荐指数
体味	★★★☆
掉毛	★★★
吠叫	★★★
运动需求量	★★☆
卫生习惯	★★★☆
综合推荐	边境牧羊犬精力充沛、警惕而热情。智商相当于一个6~8岁的小孩，聪明是它的一大特点。适合住室外，需大量运动，边境牧羊犬不只是生活中优良的宠物犬、伴侣犬，也是家庭中很好的看家护院犬

生活习性

边境牧羊犬精力充沛、警惕，个性内敛，不过度热情。智商相当于一个6~8岁的小孩，聪明是它的一大特点。它对朋友非常友善而对陌生人明显地有所保留，而且与小孩相处友善。尽管天生活力足，但容易训练。

饲养特点

边境牧羊犬需大量运动，每天要有半小时左右的跑步量，适合在田间、山林饲养。边境牧羊犬不只是生活中优良的宠物犬、伴侣犬，也是家庭中很好的看家护院犬，非常适合家庭饲养，因它的智商比较高，饲主必须对其用心训练。另外，边境牧羊犬毛发长，经常需要打理。

9. 巨型雪纳瑞犬

原产德国，起源于15世纪，是三种髯犬中体形最大的一种。历史上曾被称做俄罗斯髯犬、慕尼黑髯犬，我国又称做巨型雪纳瑞犬。据说可能是黑色大丹犬和佛兰德畜牧犬、标准髯犬等犬种杂交而来的。大髯犬最早是在德国巴伐利亚被用来驱赶牲畜群，后来曾被警方和军队作为警卫犬。1909年在德国慕尼黑犬展览会上首次被展出。1930年，AKC正式认可此犬种。

外形与标准雪纳瑞犬极为相似，只是体形更大，更有力量。体格健壮，外形粗犷，精力充沛，行动敏捷。身高59~70厘米，体重32~35千克。

头部 长头形，前额平坦，头部结实、呈矩形，头部从耳部向鼻尖端逐渐变窄。口吻结实且填满眼睛下方空间。两耳间宽度适中，呈“V”字形直立或前倾，后枕骨不明显。鼻镜大，黑色，丰满。眼睛中等大小，呈卵形，深褐色，位置深。

四肢 前肢直，骨骼发达，前脚跟强壮。后躯肌肉发达，与前躯平衡；臀部丰满而略圆。足爪适度圆拱，紧凑如猫足，脚垫厚实坚硬，趾甲呈黑色。

被毛 为双层被毛，毛质坚硬，非常浓密；有柔软的底毛和粗糙的披毛，逆着毛发纹理观察，毛发既不光滑也不平整。头顶毛发粗糙，有粗糙的胡须、眉毛。毛色有纯黑色或椒盐色。

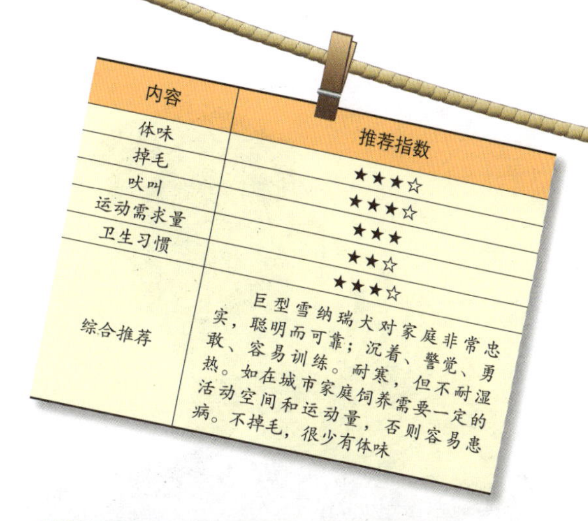

内容	推荐指数
体味	★★★☆
掉毛	★★★☆
吠叫	★★★
运动需求量	★★☆
卫生习惯	★★★☆
综合推荐	巨型雪纳瑞犬对家庭非常忠实，聪明而可靠；沉着、警觉、勇敢、容易训练。耐寒，但不耐湿热。如在城市家庭饲养需要一定的活动空间和运动量，否则容易患病。不掉毛，很少有体味

巨型雪纳瑞犬聪明机警、沉着冷静、行为谨慎，乐于接受训练，对气候和疾病有很强的忍耐力和抵御力。它天性合群，非常英勇而且极度忠诚，积极捍卫家人的生命和财产安全，当陌生人靠近时，会进行攻击，平时出门要看管好。

巨型雪纳瑞犬易驯服，对生活空间和运动量有需求。因此狭小的公寓不是非常适合饲养。巨型雪纳瑞犬不太会换毛，但需要经常护理坏死的硬毛，才能保证硬毛部分有光泽。勿喂食多色素类食物，以免加大肾脏和肝脏的排毒工作。

10. 沙皮犬

产地血统

原产中国，是古老而独特的品种，约从汉代开始有记载，大约已有2000多年的历史。原产于广东省南海县大沥乡，因其毛短而硬，手感粗糙，似打磨用的砂纸，故得名沙皮犬。此犬在1968年被中国香港养犬俱乐部承认并登记注册。1966年，沙皮犬被美国引入，1970年在美国养犬俱乐部注册。1988年5月开始，沙皮犬被接受进入AKC的混杂犬类别。1991年10月，中国沙皮犬获得了AKC的认可，并被归类于非运动型犬种。

外貌体征

沙皮犬全身皮肤松弛，形成大量皱褶，被毛短而硬，极像“河马嘴”，这是沙皮犬的一个重要特征。外形忧郁，体形中等，结实，身高46~51厘米，体重16~20千克。

头部 方头形，头大，昂头适度，前额覆盖着大量的皱纹，延伸到脸部。眼睛小，杏仁状，且凹陷，颜色深，呈现皱眉表情。耳朵极小，较厚，呈等边三角形，尖端略圆，边缘卷曲，位置高，距离较宽，朝向脑袋前面，尖端指向眼睛。口吻宽而丰满，不显得尖细。鼻镜大而宽，颜色深。

四肢 前肢直，长度适中，距离略宽，骨骼良好。前腿皮肤无褶皱。足爪中等大小，紧凑而稳固，不张开。后躯肌肉发达，结实，且角度适中。后脚跟短，垂直于地面且彼此平行。后足无上爪。

被毛　被毛极度粗硬、直，且竖立在身体的主要部位，但一般平躺在四肢处，毛发显得健康，但没有光泽。毛色有土色、黑色、金黄色和红棕色。

内容	推荐指数
体味	★★★
掉毛	★★★
吠叫	★★★
运动需求量	★★★
卫生习惯	★★★
综合推荐	沙皮犬性格开朗、活泼、顽皮好玩，对主人忠实诚恳；需要适量运动，定期洗澡。繁忙的上班族不适合饲养此犬

沙皮犬表面上忧郁，皱眉头，其实性格开朗、活泼、顽皮好动，对主人忠实诚恳，个性独立，经常有自己的想法，喜欢沉浸在自己的世界里。它没有强烈的攻击性，也不是很好教育。

沙皮犬要注意皮肤卫生，皱褶与皱褶间需要保持干净，定期洗澡。适当喷些香水以防止体臭。沙皮犬由于特殊的生理构造，极易患眼睑内翻症及佝偻症，故应在饲养管理中加以注意。要保持周围环境的干燥。此犬需要适量运动，加上鼻道较短，剧烈运动易缺氧，因此最好是清晨或黄昏带出户外散步。繁忙的上班族不适合饲养此犬。

11. 意大利灵缇

原产意大利，起源于公元前500年。源于埃及法老王时代，历尽沧桑幸存下来的品种。在古埃及的墓中，就曾找到类似的狗木乃伊。灵缇犬虽然未被广泛地饲养，但在中世纪之前的整个欧洲均可见到，16世纪的意大利人对这种小灵缇的需求量很大，正因为如此才称做“意大利灵缇”。1886年，AKC正式认可此犬种。

意大利灵缇的体形较小，身材苗条，有简单的线条和服帖的被毛。一般身高33~38厘米，体重3~5千克。

头部 长头形，头窄而长。脑袋相当长，头骨是平的。眼睛黑而圆，明亮，中等大小。耳朵小，轻巧，非警戒状态时，耳朵都向后面摺，以适当的角度摺向脑袋。立耳或纽扣耳都属于严重缺陷。鼻子很尖，鼻镜颜色暗，颜色可能是黑色、褐色或其他与体色相配的颜色。

四肢 前肢长而直，骨骼发达，腕部结实强壮，骨骼纤细。后肢长，大腿肌肉发达，从后面看，两条后腿平行。足爪呈合适的拱形(兔形足)。

被毛 被毛精细而柔软，毛发短，摸上去像缎子一样光滑和柔软。毛色有奶油、棕红、灰蓝、黑等颜色，除了斑点和带黄褐色斑纹属于失格，其他任何颜色和斑纹都可以接受。尾巴细长，末端尖，呈曲线状。

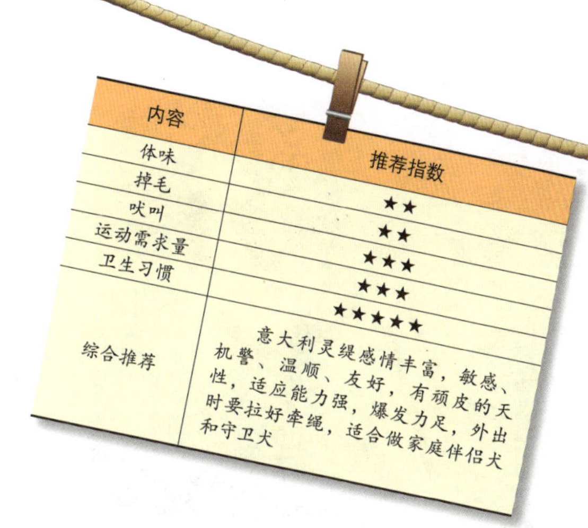

内容	推荐指数
体味	★★
掉毛	★★
吠叫	★★★
运动需求量	★★★
卫生习惯	★★★★★
综合推荐	意大利灵缇感情丰富，敏感、机警、温顺、友好，有顽皮的天性，适应能力强，爆发力足，外出时要拉好牵绳，适合做家庭伴侣犬和守卫犬

生活习性

意大利灵缇机警、灵敏、聪明，与人类相处和谐。外表纤弱，实则能吃苦耐劳，脾气非常好，一旦受到主人的赞赏就会兴奋不已。它喜欢与性格温和的大孩子和成年人一起生活。适应能力极强，无论城市和乡村都能生活。行走时带点跳跃动作，即使到成年后仍然保持喜爱玩耍的本性。

饲养特点

意大利灵缇奔跑速度较快，具有较强的爆发力，外出时一定得牵好。它爱好室外运动，尤其喜欢追逐小型猎物。由于它的皮毛光滑，皮下脂肪少，因而缺乏御寒能力。此外，还要注意一些视网膜脱落、膝盖骨萎缩等疾病。

12. 日本柴犬

原产日本，起源于公元前1000年，是一种古老的品种。柴犬的外观和日本秋田犬比较像，是秋田犬的缩小版，其祖先是由中国松狮犬和日本土产纪州犬杂交繁育而成，大约2000年前由中国传入日本，以前主要是被人类训练用来猎捕小动物，曾是穿梭于深山林间的狩猎好手，故称之为柴犬。1992年，AKC正式认可此犬种。

日本柴犬有短而浓密的双层毛，带有日本风格的三角眼，具有标准的日本犬风格。身高36~42厘米，体重9~14千克。

头部 长头形，脑袋中等大小，与身躯的比例恰当。前额宽而平坦，有轻微的凹槽。眼睛形状接近三角形，位置深，向上、向耳根外侧倾斜。眼睛颜色为深褐色，眼圈为黑色。耳朵小，为三角形，稳固地竖起、距离分得较开。口吻稳固、圆而丰满。鼻梁很直，鼻镜为黑色。

四肢 四肢骨骼粗壮，强健有力，站立姿势好。前肢笔直，后肢肌肉结实。足爪类似猫足，脚趾圆拱、紧凑，脚垫厚实，富有弹性。

被毛 双层被毛，外层披毛直而僵硬，内层底毛柔软而厚实。脸部、耳朵和腿部的毛发短而平，身躯上的防护性披毛直立着。尾巴粗壮而有力，以镰刀状或卷曲状卷在背后，尾巴毛发略长，且直立，像刷子。毛色有奶酪色、浅黄色和棕色等。

生活习性

内容	推荐指数
体味	★★
掉毛	★★
吠叫	★★★★
运动需求量	★★
卫生习惯	★★★★
综合推荐	日本柴犬个性机敏、独立，不矫揉造作，性情温顺，忠实，有服从性、忍耐性，坦白，朴实而雅致，身体强健，动作敏捷，英勇大胆，需要适当的训练

日本柴犬英勇大胆，纯朴，不矫揉造作，经长期豢养培育，养成忠实、服从、忍耐、独立的性格，身体强健，动作敏捷，色泽如木柴，警觉性高，平时习惯警觉地站在高处向下观望，对陌生人有所保留，但对于得到它尊重的人则显得忠诚而喜爱。它不像一般犬那样百依百顺，有时挺有个性的，比较容易打架，所以需要适当训练。

饲养特点

日本柴犬的活动力充沛，喜欢玩耍，充足的运动量可保持其体态矫健。它们动作轻盈敏捷，出门时一定要牵好，否则很容易走失。

13. 中国冠毛犬

原产中国，起源于公元前100年。关于该品种的起源没有确切记载，一般认为，它起源于中国，早在汉朝已有介绍，许多世纪前由中国帆船带入南美洲。另一些学者则对它的中国籍尚有怀疑，认为它的出生地来自埃塞俄比亚或土耳其，也有人认为源自于墨西哥的小型无毛犬。因为此犬头顶有冠毛，很像清朝官员的帽子，所以得名中国冠毛犬。1885年，开始在纽约举办威斯特敏斯特展览会上露面。1975年，美国成立专门的育种俱乐部，开始引进。1985年，AKC正式认可此犬种。

中国冠毛犬身体呈矩形，比例协调，体长略大于肩高。骨骼发育良好、纤细，身材苗条。理想身高是28~33厘米，体重3~5.5千克。

头部 头呈楔形，延伸至嘴呈锥形。脑袋从两耳间到后脑的地方略呈拱形。眼睛呈杏仁状且分得较开。深色犬的眼睛色深，浅色犬的眼睛颜色相应较浅。眼圈的颜色和犬的颜色相称。耳朵大且竖立，未剪耳，耳根与外眼角对齐。深色犬的鼻镜呈深色，浅色犬的鼻镜呈浅色，但颜色要求一致。嘴唇整齐、干净。

四肢 四肢长、细、直。腕部竖直，精致且强壮。脚呈兔形足，脚窄且脚趾细长。后膝关节呈适当的角度。尾巴细长，尾尖处变得越来越细。

被毛 无毛品种只在身体部分部位有毛：头部（叫冠毛），尾巴（叫尾羽），前腕和后腕（叫短袜）。所有的毛发不论长到什么程度，都如丝质般柔软。毛发的位置不如整体重要，有毛发的区域通常逐渐变细。冠毛从止部开始，到头颅后开始稀疏。无毛品种的脸和耳朵部位允许有毛。尾羽在尾巴下端。被毛的密度和长度恰当。大部分毛色为黄色和栗色，也有黑色。

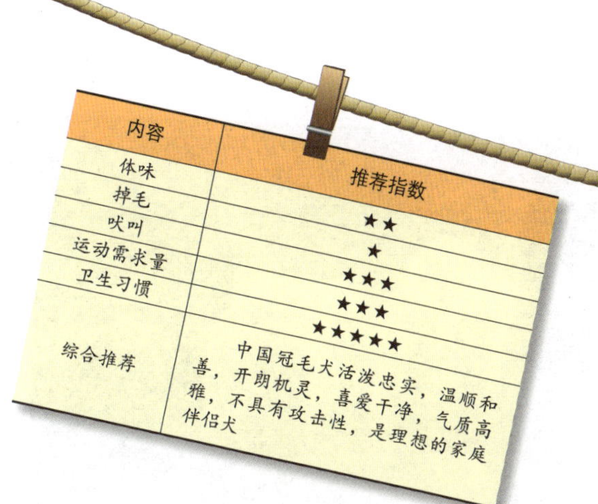

内容	推荐指数
体味	★★
掉毛	★
吠叫	★★★
运动需求量	★★★
卫生习惯	★★★★★
综合推荐	中国冠毛犬活泼忠实，温顺和善，开朗机灵，喜爱干净，气质高雅，不具有攻击性，是理想的家庭伴侣犬

生活习性

中国冠毛犬生性开朗、活泼，非常聪明，对主人忠诚，基本不吵闹或攻击，冠毛犬感情非常专一，对主人也很依赖。它喜欢干净，善逗主人开心，是很有气质的玩赏犬。它的皮肤颜色，可随着季节转换而改变：夏季时，它的皮色浅淡；随着天气逐渐转冷，它的皮色会逐渐加深至暗灰色，但到来年开春以后，随着气温逐渐转暖，它又会逐渐变淡成浅灰黄，夏天则变得更淡。

饲养特点

由于中国冠毛犬身体无被毛御寒，较难适应寒冷的气候，因此要求饲养在温暖的环境下，寒冷时还要穿上衣物御寒，此外，此犬种常有缺齿现象，也应当注意。中国冠毛犬还有一个与众不同的生理特性，一般的犬类都需要靠喘息来散热，但中国冠毛犬很特别，它的皮肤与汗腺相通，可从皮肤直接排汗。所以，饲主应经常为它洗澡，并为它抹上些婴儿用的护肤油脂，使其皮肤光滑。中国冠毛犬不需要有过大的运动量，只需让其在室内走动、小跳或散步即可。此犬是适合城市家庭饲养的伴侣宠物犬。

14. 中华田园犬

中华田园犬，一般身高53~69厘米，体重25~32千克。体形适中、结构紧凑，嘴短额平为其显著特征，耳朵下弯。在我国逐渐引进大量的国外犬种后，通过血统融合，它们的外观也有了更加多样化的特点，比如耳朵直立，嘴巴变长，有的腿也变得修长。被毛为中短毛，毛色多样，以黄色、白色、黑色或混色为主，尾巴粗且向上卷曲。

中华田园犬是我们对土狗的一种称谓，也有称为柴狗、菜狗、黄狗。关于中华田园犬的概念并没有统一标准，但是在《周礼·秋官》疏记载：犬有三种，一者田犬，二者吠犬，三者食犬，可以看出中国古代对于犬分类多以功能来分，并不注重于犬的外形。它的祖先和其他犬种类似，是源于东南亚狼，外形非常接近狼，嘴短，额平。在中国逐渐引进大量的国外犬种后，通过血统融合，中华田园犬的外观也有了更加多样化的特点，目前国内有三大品系：分别是北方品系、江浙品系、两广品系。但无论怎样变化，它们还是归属于中华田园犬。而从地域角度来讲，我们完全可以将其称为具有中国传统特点的中华田园犬。

生活习性

内容	推荐指数
体味	★
掉毛	★★★★
吠叫	★★
运动需求量	★★★
卫生习惯	★★
综合推荐	中华田园犬不娇贵，抵抗力强，不易生病，适应能力强，容易饲养，对陌生人很有警惕性，适合看家护院

中华田园犬性格温和，行动敏捷，双目有神，地域性强，忠诚度高；活泼可爱，不主动攻击人类，可以群居。两耳常随着声音而转动，即使在睡觉时，也保持着警觉状态，听到一丝细微的动静，就竖耳侧听，双眼盯视有动静的方向，表示出机灵的精神状态。

饲养特点

中华田园犬不娇贵，环境适应能力强，不易生病，抵抗力好。主要生存环境是低海拔农耕地区，食物以粮食为主，肉食性不强，偏杂食，耐粗饲，不易掉毛，容易饲养，老少不欺，对入侵者毫不客气，对陌生人有较强警惕性，被广泛用于农村的看家护院和早期的狩猎。

（三）大型犬

1. 藏獒

产地血统

原产中国西藏，别名西藏马士提夫犬，2000多年前藏獒便活跃在喜马拉雅山脉，生活在中国青藏高原海拔3000~5000米的高寒地带。历史上有“九犬成一獒”的说法，被看做是西藏人的护卫犬和保护神，属于护卫犬种，具有王者的霸气和对主人极其忠诚的秉性，有“东方神犬”之称。标准的纯种藏獒多见于广大牧区，有狮头型、虎头型之分，有安多系、康坝系、青藏系之别。

外貌体征

藏獒体形高大，体格强壮，外表高贵，令人印象深刻。它是一种外形健美的犬，有着漂亮的肌肉，身材壮实，骨骼强健，庄严又不失和善。其身高一般为61~71厘米，体重64~82千克。

头部 头部宽阔突出，有着宽大的后头骨，眼睛深邃、微斜、杏仁状，有红眶。口鼻有些宽，整洁，给人方方正正的感觉。

四肢 双肩平落，骨骼肌肉发达。四肢粗壮结实，前腿直立时轻度朝内倾斜。后躯有力，从后面看，后肢和膝关节是平行的。

尾巴 尾大，自然卷起，尾部毛较长、蓬松，卷起时呈花状(俗称“菊花尾”)，尾长可达20~30厘米。

被毛　粗硬，丰厚，外层披毛不太长，底毛在寒冷的气候条件下浓密且软如羊毛，而在温暖的气候条件下则非常稀少。脖颈毛较多，状如鬃毛，毛细而坚硬，直且倒伏。毛色以黑色为主，也有黄、白、青、灰等颜色。

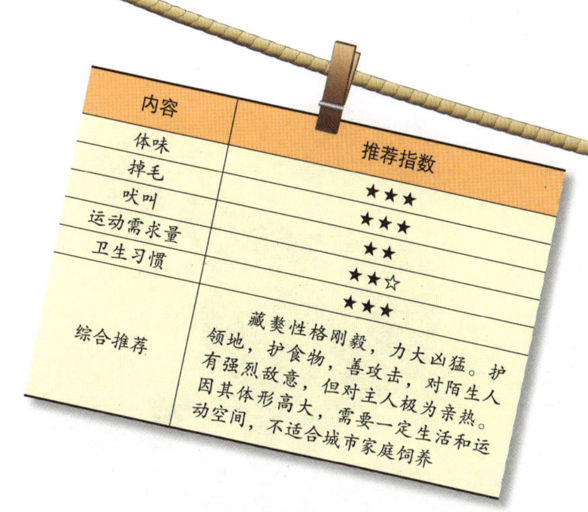

内容	推荐指数
体味	★★★
掉毛	★★★
吠叫	★★
运动需求量	★★☆
卫生习惯	★★★
综合推荐	藏獒性格刚毅，力大凶猛。护领地，护食物，善攻击，对陌生人有强烈敌意，但对主人极为亲热。因其体形高大，需要一定生活和运动空间，不适合城市家庭饲养

生活习性

藏獒是一种有强烈意志、勇敢的动物，对家园与家庭有强烈的保护本能。它们对不同的生活形态都能良好地适应，忠诚度高，不接近陌生人，对自己地盘的防卫性很强。它们拥有高度的智能，而且有超强的记忆力，一旦介绍某人给它们认识，它们很少会忘记这个人。

饲养特点

藏獒成熟得缓慢，母犬大概3~4年后性成熟，公犬则要到4~5岁性成熟。藏獒食性较广，除食肉、骨等动物性食物以外，也吃大量的植物性食物。藏獒具有护食的特点，群养时喂食最好分开，同时，已投喂的食物尽量不要再取回来，否则具有一定的危险性。藏獒体味淡，不需要经常洗澡，此外，潮湿炎热的天气要考虑为它们剃毛。

2. 伯恩山犬

产地血统

原产瑞士，伯恩山犬的始祖由2000年前的罗马军队带到瑞士，后来和当地的牧羊犬异种交配，产生了四个品种的山犬，它们是：伯恩山犬、瑞士大山犬、亚边雪而山犬、安特雷伯优山犬。1902年、1904年和1907年，这种犬已开始在展会上出现，1907年，伯恩山犬同好会在瑞士成立，才使该品种的犬类繁衍发展下去。1937年，AKC正式认可此犬种。

外貌体征

伯恩山犬四肢肌肉发达，额头平坦，眉头有明显的褐色。长腿，性情坚定而温和，聪明、结实且灵活，表情活泼而且文雅。毛色为黑色、咖啡色和白色的交杂，三色特征明显。身高58~70厘米， 体重40~44千克，寿命9~10岁。

头部 头顶平而宽，有轻微的皱纹且轮廓清晰。眼睛为深棕色、略呈卵形，眼睑紧贴眼球。耳朵中等大小，位置高，三角形，耳尖略圆。当伯恩山犬警觉时，耳朵向前转，耳根凸起，耳朵最高处与头顶齐平。口吻结实且直。鼻镜黑色，嘴部干净，嘴唇紧密，上唇略微下垂。

四肢 前后肢均强而有力，肌肉发达。前臂强壮而直。大腿宽、结实且肌肉发达。后膝关节弯曲自然，角度适当，向下逐渐平滑地变细。从后面观察，后脚腕直。足爪紧凑。

被毛 被毛浓密，长度中等，显得光亮而整齐，显示出明亮、自然的光泽。伯恩山犬是三色犬。基本毛色为深黑色，斑纹颜色为丰富的铁锈色和清澈的白色。尾长中等，呈月牙形，且尾巴有饰毛，警戒时尾巴会竖立，尾端为白色的较为理想。

内容	推荐指数
体味	★★★★
掉毛	★★★☆
吠叫	★★★
运动需求量	★★★☆
卫生习惯	★★★
综合推荐	伯恩山犬斯文、有礼、举止大方，有极强的与人沟通的意欲，需要付出足够的耐心和时间

生活习性

伯恩山犬斯文有礼、举止大方，自信，注意力集中，警惕性高，服从性强，自信，不怕困难，不野性。幼犬时期会显得十分好奇、活泼，但是它们总不会令人讨厌。有很多成年后的伯恩山犬，会变得十分文静，对陌生人会不理不睬，但对熟识的人便会显得十分兴奋，往往会爬上别人的膝上。伯恩山犬对主人忠心耿耿，面对陌生人会坚定地站在原处，保持冷静，是最出色的工作犬之一。

饲养特点

伯恩山犬对人性的感应力十分强，所以是一只理想的家庭犬。虽然体形较大，但不需要剧烈的运动，每日与主人一同散步就可满足它的运动需要。但伯恩山犬需要足够的空间和时间，应该经常带它们外出活动。耳朵为垂耳，所以需定期检查耳道卫生，不适合公寓饲养。此外，伯恩山犬怕热，夏天饮水量大，夏天炎热但不需剪毛，否则易吸收紫外线而中暑。

3. 阿拉斯加雪橇犬

原产美国阿拉斯加西部，阿拉斯加雪橇犬是最古老的雪橇犬之一，在最初北美移民的记录上，可发现此犬的记载。阿拉斯加雪橇犬的名称来自阿拉斯加的马拉缪特族。在使用雪橇的年代里，马拉缪特族已拥有此强壮并能在北极雪地中奔跑的犬种，让其他族人十分羡慕。阿拉斯加雪橇犬于阿拉斯加开拓初期，因为和输入犬种异种交配，几乎灭绝。1926年，美国采取了纯血种的保护措施。1935年，AKC正式认可此犬种。

阿拉斯加雪橇犬体格强壮、身材匀称，属于尖嘴犬种，此犬的力量比西伯利亚雪橇犬强，有顽强精神和超常忍耐力。身高58~71厘米，体重39~56千克，寿命12~15岁。

头部 长头形，脑袋宽，且略微隆起，从头顶向眼睛的方向渐渐变窄、变平，靠近面颊的部分变得比较平坦。眼睛在头部的位置略斜，两眼间有轻微的皱纹。眼睛的颜色为褐色，杏仁状，中等大小，眼睛的颜色越深越好。耳朵为三角形，耳尖稍圆，耳朵分得很开，位于脑袋外侧靠后的位置。口吻长而大，宽度和深度从与脑袋结合的位置向鼻镜的方向逐渐变小。

四肢 前肢骨骼粗壮且肌肉发达，从前面观察，肩部到腕部都很直。从侧面观察，腕部短而结实，略有倾斜。脚垫厚实、坚韧，趾甲短而结实。后腿宽，而且整个大腿肌肉非常发达；从背后观察，不论是站立时还是行走中，后腿都与相应的前腿处于同一直线，既不分得太开，也不靠得太近。

被毛 阿拉斯加雪橇犬拥有浓密、粗硬的被毛。底毛浓厚，含油脂且柔软。被毛的长度是随着底毛而变化的。阿拉斯加雪橇犬在整个夏季，通常被毛都比较短，也不那么浓密。尾巴大多上扬并卷翘。

内容	推荐指数
体味	★★★
掉毛	★★★
吠叫	★★★★
运动需求量	★★☆
卫生习惯	★★★
综合推荐	阿拉斯加雪橇犬忠实，能力强，独立，不过分依赖人，是富有感情的家庭犬，并且酷爱户外运动

生活习性

阿拉斯加雪橇犬忠诚、深情，能力强，是优秀的警备犬和工作犬，也是富有感情的家庭伴侣犬。与其他犬种相比它的纪律性相对较差，比较自由散漫，喜欢户外运动。阿拉斯加雪橇犬还保持着原始犬种特有的特征，例如独立、自我、不过分依赖主人，许多阿拉斯加雪橇犬在形态举止上像狼。阿拉斯加雪橇犬不喜欢吠叫，而一旦它们想表达什么，常会发出类似“woo－woo－”的嚎叫。

饲养特点

阿拉斯加雪橇犬源于寒带，因此畏惧炎热潮湿，不适应生活在温热多雨的地区，比较适应寒冷地带。由于体形较大，因此其居住环境需要比较宽敞，更重要的是要保证有充足的运动量。阿拉斯加雪橇犬的幼犬，容易患肠胃方面的疾病，轻者无食欲，重者上吐下泻。春秋交替之际要勤为它梳毛。阿拉斯加雪橇犬运动量大，每天至少需1小时以上的运动量。

4.大白熊犬

原产法国与西班牙交界的比力牛斯山区，所以又称大比力牛斯犬。其起源于公元前2000年，据说该犬是由来自亚洲地区的西藏獒犬与这里的土著犬种交配繁衍而成，“大白熊”因形似北极熊而得名。可作为守护犬、救助犬和伴侣犬。路易十四世时，被选为宫廷犬，从此闻名世界。

大白熊犬给人的印象是非常高雅、美丽，并且具有巨大的体形和威严的气质，显得坚实和协调。身高65~81厘米，体重45~60千克。

头部 外观呈楔形。眼睛中等大小，杏仁形，颜色为丰富的深棕色。耳朵呈“V”字形，尖端略圆，耳根与眼睛齐平。口吻在眼睛下方，丰满。两眼睛间有轻微的皱纹。鼻镜和嘴唇为黑色。

四肢 前肢直且垂直于地面，前脚腕结实而灵活，两条前肢各有一个狼爪。后躯的角度与前躯类似。后脚腕长度中等，当犬自然站立时，垂直于地面。后腿直且相互平行，每条后腿都有两个狼爪。

尾巴 尾根位于背平面以下。尾骨有足够的长度，尾巴有漂亮的羽状饰毛。休息时，尾巴下垂；激动时，可能卷到后背。

被毛 披毛长、厚实，毛发粗硬；底毛浓密、纤细。尾巴上较长的毛发形成羽状饰毛。毛色为白色或白色带有灰色、红褐色或带有不同深浅的茶色斑纹。

内容	推荐指数
体味	★★★
掉毛	★★★
吠叫	★★★
运动需求量	★★★
卫生习惯	★★★
综合推荐	大白熊犬性情温和、纯真热情，对主人忠心。个性顺从，与人亲密，护主心强。体形大，需要有很大的居住空间

生活习性

大白熊犬性情温和、纯真热情，对主人忠心，但是对陌生人有很强的防备心，地域性也很强。体形虽大，但是个性顺从，与人亲密，而且护主心强烈，可作为猎犬、牧犬、警犬、护卫犬和观赏犬。

饲养特点

大白熊犬体形巨大，不适合城市家庭饲养。饲养者需要有很大的居住空间，最好有独立的院子。不喜欢陌生人对它随意拨弄。大白熊犬食量大，需要大量的运动来消耗精力和脂肪。其被毛为覆毛型，洗澡后要吹干，而且要天天梳毛。

5.杜宾犬

原产德国，19世纪末，有一位名叫路易斯·杜宾曼的征税员兼捕犬者为了执行任务时的安全，培育了一条具有罗威纳、曼彻斯特犬、波瑟隆犬与灰狗等优点的超级犬，1899年，德国畜犬协会正式认可此犬，在1900年，对这种犬制定了详细的标准，而该犬的名字则正是由它们的培育者路易斯·杜宾曼所命名的。1908年，AKC正式认可此犬种。

杜宾犬体形中等，身体结构紧凑，躯体呈正方形，肌肉强健有力，具有很大的耐力和速度。身高65~69厘米，体重30~40千克。

头部 长而紧凑，呈“V”字形，头顶平坦，面颊肌肉发达，双唇在颚上紧闭。耳小，耳根高，下折或直立。古铜色眼睛，杏核眼，表情敏锐、机智。鼻色随毛色而不同。

四肢 前肢直，后肢分开，力量强且平行。足部圆且厚，如猫足，坚挺，适宜于快速奔跑。

尾巴 尾巴短，高翘，在大约第二节尾骨处切断，为脊椎的延伸。只有在警觉时，尾巴会举起，高过水平线。

被毛　被毛短且平滑，硬而粗壮，紧贴着身体。毛色有黑色、蓝色、茶色、淡芥茉色等，眼、鼻、口、喉、胸、四肢、尾的下方有黄褐色斑。

内容	推荐指数
体味	★★★
掉毛	★★★☆
吠叫	★★☆
运动需求量	★★☆
卫生习惯	★★★
综合推荐	杜宾犬个性机敏，警戒性强，体形较大，不适合城市家庭饲养

生活习性

杜宾犬个性机警，敏感，坚决果断，勇猛忠实，对家庭以外的人很冷淡。杜宾犬拥有惊人的体能和力量，好撕咬，耐力持久，为了抑制其潜在的攻击性，饲养者应用心训练，给予其充分运动量。平时需要严加管理，才可成为忠实、富有感情的伴侣犬。

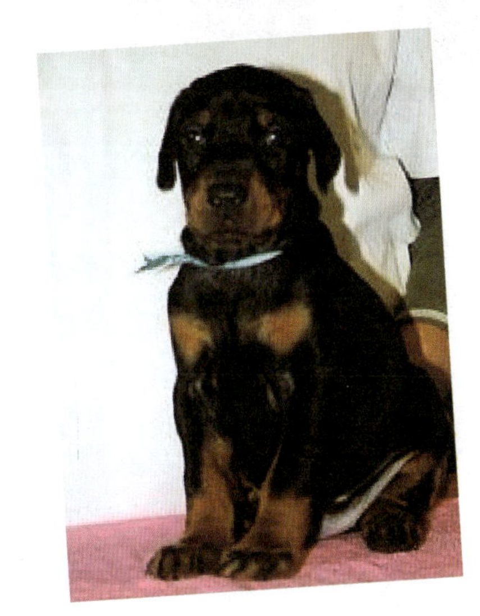

饲养特点

杜宾犬体形较大，结实有力，需要足够大的居住空间，不适合城市家庭饲养。杜宾犬因戒备心强，对陌生人会主动攻击，不容易与别的犬相处，饲主需要从小训练。适合城市生活，耐热怕冷，被毛短，不需要经常梳理。臀部发育会异常，易患气胀、心脏等疾病。

6.苏格兰牧羊犬

起源于苏格兰低地，名字来自当地叫可利的黑羊。具体起源时期并不清楚，但它已有数千年的历史，直到19世纪中期由于维多利亚女王的喜爱才闻名于世。

外貌体征

苏格兰牧羊犬身躯稳固、坚实且肌肉发达，比例上，体长略大于身高。身高56~66厘米，体重23~34千克。

头部 呈倾斜的楔形，轮廓清晰、精致且比例协调。口吻末端平滑且丰满，形状比较钝。眼睛呈杏仁形，中等大小，颜色为暗黑色，眼神清澈、欢快，显示出聪明、好奇。耳朵的尺寸与头部呈相应比例，耳朵天生呈准确的半立耳姿态，是很少见的。休息时，耳朵向前折叠；警惕时，耳朵会在脑袋上竖起，保持3/4部分是直立的，1/4的耳朵尖向前折叠。

四肢 前肢直，且肌肉发达，骨量充足，与整体协调。前肢适度丰满，而骨骼柔韧但不软弱。后腿不算丰满，大腿肌肉发达且非常有力，飞节和膝关节适度倾斜。

尾巴 尾巴长度适中，能延伸到飞节或更低。休息时，尾巴下垂；兴奋时，尾巴举起。

被毛 分为粗毛(长毛)种与平毛(短毛)种，以粗毛种较为人们所熟悉。长毛牧羊犬有双层毛，外层由长直毛覆盖，内层为柔软的绵毛所覆盖。颜面毛为短毛。尾毛极为丰富，臀毛极长，呈蓬松状。短毛牧羊犬的毛短而顺滑。毛色多为黑貂色及白斑、三混色、大理石色斑、白底夹黑貂色及黑色斑等。

内容	推荐指数
体味	★★★
掉毛	★★☆
吠叫	★★★
运动需求量	★★
卫生习惯	★★★
综合推荐	苏格兰牧羊犬平易近人，聪明敏感，友善，乐意取悦主人，性格开朗活泼。但运动量大，被毛长，需要经常梳理和洗浴

生活习性

苏格兰牧羊犬平易近人，聪明敏感，对温和的服从训练反应良好，友善，乐意取悦主人，性格开朗活泼，感受力强。最适合做机警的看门狗。在室外活力充沛，对主人富有感情，对陌生人警戒心强，有很好的保护本领，是目前世界上最受欢迎的犬种之一。

饲养特点

苏格兰牧羊犬是一种非常喜欢活动的犬种，所以每天要让它有一定的时间去活动，还要有足够的运动量。苏格兰牧羊犬被毛浓密而且长，所以每天都要为它梳理被毛，还要定期洗浴。不适合老年人和没有大量空余时间的人士饲养，也不适合室内饲养。

7. 阿富汗猎犬

产地血统

原产阿富汗，又名喀布尔犬，属古老犬种。19世纪在阿富汗及周边地区，西方国家发现了阿富汗猎犬，1886年首次登陆英国，成为英国皇室猎犬。1926年，AKC正式认可此犬种。1929年，阿富汗猎犬被英国养犬俱乐部正式承认。阿富汗猎犬真正在美国饲养始于1931年，1938年，美国成立了阿富汗猎犬俱乐部，1940年，该俱乐部成为了美国养犬俱乐部的会员。

外貌体征

阿富汗猎犬身形优美，丝般的毛发披满全身，头高仰，外表高贵而冷淡。身体强壮，独立性强，对人温和。身高64~74厘米，体重23~27千克。

头部 头部长，非常精致，脑袋和前脸显得均匀和谐。鼻骨轻微突出，下颌十分有力，吻部较长而有力，嘴比较平。耳朵长，与外眼角相平，耳廓的长度延伸到鼻尖。眼睛呈杏仁状，颜色深，呈黑色或者琥珀色。鼻镜大小适度，黑色。

四肢 长而直，前肢直而结实，肘和前臂部和前趾部之间的长度适中，肘适当内敛。前臂部和前趾部长而直。肩关节角度恰当，使腿在身体下方合适的位置。后腿及臀部强壮而且肌肉结实，臀部和跗关节之间有很大长度，后膝关节与跗关节所成的角度恰当。

被毛　毛发浓密、丝状，质地细腻；耳朵、四个足爪都有羽状饰毛；从肩部开始向后面延伸为马鞍形区域的毛发略短，且紧密，构成了成熟犬的平滑后背，这是阿富汗猎犬的传统特征。在头顶上有长而呈丝状的“头发”，这也是阿富汗猎犬的显著特点。毛色有浅黄褐色、黑色、蓝色和虎斑色。

内容	推荐指数
体味	★★★
掉毛	★★☆
吠叫	★★★
运动需求量	★★★☆
卫生习惯	★★★
综合推荐	阿富汗猎犬忍耐力和独立性强，对人温和，智商高，需要主人很好驾驭，适应城市公寓生活，但需每天梳理被毛

生活习性

阿富汗猎犬在任何恶劣的环境中都有较强的忍耐力、惊人的敏捷和强壮的体魄，爆发力强，视觉好，嗅觉差。它独立性强，很有主见和个性。对人温和，不具攻击性，但有时也有神经质的一面。它智商高，主人要花精力才能驾驭它。

饲养特点

阿富汗猎犬适合干燥环境，所以潮湿天气需要注意防止皮肤病，3岁前可能患白内障。阿富汗猎犬喜欢居住舒适的现代化住宅，能适应城市公寓生活，但必须给予大量的运动空间和机会。阿富汗猎犬被毛丰富、浓密，要求每天梳理被毛，每年应做2~3次专业修整。此外，因该犬性格独立，所以平时要给予它专门的服从训练。

8. 纽芬兰犬

原产加拿大，起源于18世纪。最早发现于加拿大东北部的纽芬兰地区。一些人认为纽芬兰犬是印第安野狗的后代，另一些人则认为它们同加拿大拉布拉多犬血缘相近。更多的人们相信，它们是18世纪由英国或欧洲其他地方的渔民带到纽芬兰的藏獒和当地狗交配繁衍的品种。1886年，AKC正式认可此犬种。

纽芬兰犬体形大，被毛丰厚。骨骼发达，肌肉丰满。身高66~71厘米，体重50~68千克，寿命10~11岁。

头部 长头形，头骨宽阔结实，头盖宽广、沉重。鼻口部短，吻部呈短而方的形状。鼻口部长满短而细的毛，嘴巴十分柔软。耳根在后方且平躺，耳垂呈三角形，紧贴头部。眼小且凹陷，古铜色。

四肢 前肢直，后肢及其后侧都有饰毛。足部大且宽，脚趾之间有距离，便于游泳。

被毛 披毛为粗的直滑毛，具油性，可弹去身上的水分，底毛密实。毛色有巧克力色、黑色、蓝铜色、白底配黑斑点，黑色或茶色的犬胸部、脚趾尾端处有白色毛。尾巴无扭曲，尾根部宽而结实，当它轻松站立时，尾巴笔直下垂，末端略微卷曲。当它运动或兴奋时，尾巴上举，并卷曲到背后。

内容	推荐指数
体味	★★★
掉毛	★★☆
吠叫	★★★
运动需求量	★★★
卫生习惯	★★★
综合推荐	纽芬兰犬性情十分开朗，温顺。对小孩十分友好，被毛很厚，需要经常护理。身材高大，运动需求量也较大，不适合城市家庭饲养

生活习性

纽芬兰犬性情开朗，温顺，给人一种忠厚老实的感觉。身材高大，对小朋友们友好，适合与小孩作伴。此犬善于游泳，天生热爱水上运动，拥有厚厚的被毛，不适合在高温地区生活。

饲养特点

因纽芬兰犬的活动量大，故需要食用大量的肉食以补充营养。纽芬兰犬怕热，故应保持环境凉爽，并注意定期梳洗被毛。耳朵后边、后腿内侧藏污纳垢之处常会有结节、毛球的产生。纽芬兰犬春、秋两季换毛，也需要特殊关照。 因其体形大，需要充分运动，不适合城市家庭饲养。

9.大丹犬

原产德国，起源于公元前2000年，生长在地中海亚南地区的大丹犬是随早期的波斯商人或罗马军队到达德国，在中世纪，大丹犬不但是贵族的象征，在狩猎野猪、狼等动物时表现出众，被欧洲王室及贵族饲养。大丹犬的英文名字是从法语名称“巨大的丹麦犬”翻译而来，它的祖先几乎可以追溯到西亚的部落——即如今的俄罗斯亚洲地区。1887年，AKC正式认可此犬种。

大丹犬体形大，肌肉丰满，强壮有力，性格体贴善良，同时具备极强的力量，被誉为犬世界的随和“巨人”。外表高贵优雅，被毛短。身高71~76厘米，体重46~54千克，寿命8~10岁。

头部 头部长且呈矩形。从侧面观察，前额和鼻梁会出现明显的断离。从各角度观察，头部都有棱角，并形成鲜明的平面。眼睛大小中等，位置深，颜色暗，呈杏仁状，眼睑紧，眉毛发达。耳根位置高，中等厚度。耳朵折向面颊，折痕与头顶在同一平面。鼻镜为黑色，鼻梁夺目。

四肢 前躯从侧面观察，肌肉发达结实。足爪圆而紧凑，足趾圆拱。趾甲短而结实。

后躯宽，肌肉发达。后腿足爪与前爪相似。

被毛 被毛短且浓密，平滑而光泽。毛色有斑纹，呈黑白、虎斑及浅黄褐色。尾巴根粗，逐渐变细。

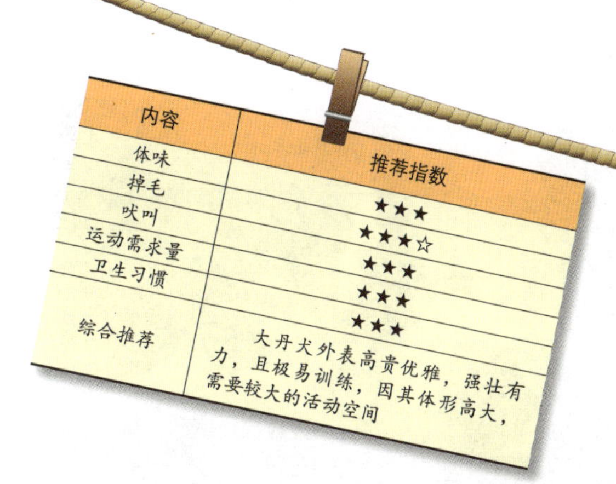

内容	推荐指数
体味	★★★
掉毛	★★★☆
吠叫	★★★
运动需求量	★★★
卫生习惯	★★★
综合推荐	大丹犬外表高贵优雅，强壮有力，且极易训练，因其体形高大，需要较大的活动空间

生活习性

大丹犬体形大，个子高，但性情友善而值得信赖，聪明、勇敢、忠于主人，容忍谦让，温顺易训练，很适合家庭养。外表天性优雅、高贵，具有王者风范。但和它大小差不多的动物，最好别把它惹急了，毕竟它是犬中最高大的品种之一。

饲养特点

大丹犬易于训练，可饲养成能力强且服从命令的警卫犬。它们需要充裕的生活空间，不适合都市家庭饲养。上班族、老人不适合饲养此犬。另外，大丹犬骨骼发育比较迅速，饲养生长期需要大量的运动量，并要给予充分的食物。因其体高腿长，发育期间应注意防止四肢变形。

10. 圣伯纳犬

原产瑞士，起源于11世纪。但至19世纪中叶，圣伯纳犬数量越来越少，几乎到了灭种的地步。圣伯纳犬因阿尔卑斯山之圣伯纳修道院而得名。公元980年，圣伯纳犬因为守护那些穿越危险的阿尔卑斯山山道之旅客而闻名。1884年3月15日，瑞士圣伯纳犬俱乐部在巴塞尔成立。1885年，AKC正式认可此犬种。在1887年6月2日的国际犬大会上，圣伯纳犬作为瑞士的一个犬种得到正式认可，大会还发布了该犬种的标准。从此以后，圣伯纳犬便一直被认为是瑞士的国犬。

圣伯纳犬身躯高大，身体各个部位的肌肉丰富，强健有力，头颅很大，表情比较严峻。身高61~71厘米，体重50~90千克，寿命8~10岁。

头部 方头形，略圆形的头顶，头盖宽大且圆，额段清楚分明，鼻口部短、厚。脸颊平坦，上唇长垂。耳中等大小，长且下垂。眼睛大小中等，古铜色。鼻子大，黑色，鼻口非常发达。

四肢 前肢直且长，后肢骨骼粗且有力。足部非常大，脚尖隆起。后躯肌肉发达，腿部肌肉非常丰富。上腕肌肉发达有力，前腕直而强壮。后肢跗关节角度适中。脚宽，趾尖有力，比较紧凑，趾关节高。

内容	推荐指数
体味	★★☆
掉毛	★★★
吠叫	★★★
运动需求量	★★★
卫生习惯	★★★
综合推荐	圣伯纳犬善良、友爱、喜欢与小孩在一起。它忠于主人，容易训练。如给予足够的空间、食物、运动量，能成为很好的家庭犬

被毛　无论长毛种或短毛种，被毛都丰厚、浓密、平滑。被毛平躺，颜色有红褐色斑状纹、橙色或红斑色配头。尾长，尾根高，休息时尾巴在下方，活动时往上扬起。

生活习性

圣伯纳犬是超大型犬，个性沉着平稳，耐力过人，容易亲近，善良、友爱，它忠于主人，喜欢与小孩在一起。容易训练，擅长救生，能适应寒冷的气候。

饲养特点

圣伯纳犬体形十分高大，需较大的生活空间，故不适合城市家庭饲养。因为它体格大，体重超标会成为骨骼负担，所以饲养期间要注意食量、营养和体重控制间的平衡。另外，湿热的气候不适合它，夏天会出现口水流不停的现象，如给予足够的空间、食物、运动量，能成为很好的家庭犬。

11. 罗威纳犬

原产德国，起源于19世纪，当时罗马军队撤退后，携带大型獒犬留在欧洲南方，后来这些犬便以猎取野猪闻名。中世纪时，德国罗维纳犬的饲育者把此罗马品种和土著牧羊犬配种成罗威纳犬。1900年，罗威纳犬迷努力让此犬名气回升，于1930年把此犬传入英国及美国。1981年，AKC正式认可此犬种。目前罗威纳有三种，德系、美系和德系改良，德系改良的罗特韦尔犬是现在比较受欢迎的犬种。

罗威纳犬体形高大粗壮，动作迅猛，气势强悍。颈部有力、肌肉发达、中等长度，背略拱、皮肤无松弛。身高61~71厘米，体重50~90千克，寿命8~10岁。

头部 头呈方形，头盖宽，头部长度中等，两耳之间宽阔。前额呈弧形，干燥，但是在它警惕时，会出现一些皱纹。眼睛中等大小，呈杏仁状，眼睑正好适合眼球。耳朵大小适中，下垂，呈三角形，两耳距离较开，耳朵内缘紧贴头部，末端接近面颊中间。鼻梁直，根部宽，而向鼻镜方向略微收缩变窄。口吻末端宽且下巴清晰。理想的颜色为统一的深棕色。

四肢 四肢内侧有对称的褐色斑纹，腿直而强壮，骨量充足，前肢后肢间距离匀称。脚腕结实、有弹性，差不多垂直于地面。足爪圆、紧凑、脚趾圆拱。脚垫坚硬厚实。趾甲短、结实、呈黑色。后肢比前肢大，后肢宽而有力。从后面观察，后腿直、结实且彼此有足够的距离以稳固地支撑起身体。

被毛 外层披毛直、粗硬、浓密、长度中等，平躺在身体上。底毛出现在颈部、大腿处。毛色为黑色带铁锈色到深棕色斑纹。黑色与铁锈色之间的界限清晰。尾巴上扬微卷。

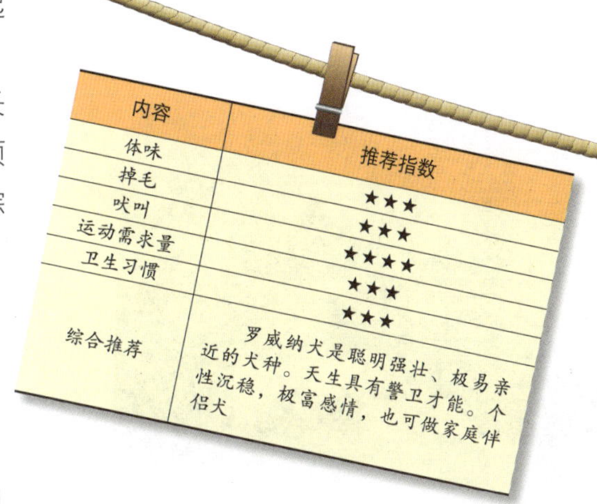

内容	推荐指数
体味	★★★
掉毛	★★★
吠叫	★★★★
运动需求量	★★★
卫生习惯	★★★
综合推荐	罗威纳犬是聪明强壮、极易亲近的犬种。天生具有警卫才能。个性沉稳，极富感情，也可做家庭伴侣犬

生活习性

罗威纳犬聪明懂事，坚韧沉稳、自信，攻击性强，衔取欲望好，占有欲高，注意力集中；忍受刺激量大；善于分辨善恶是非，对主人绝对忠诚。它喜欢时时刻刻都能看到家人，所以罗威纳犬会紧紧跟随主人在房间走来走去。罗威纳犬训练难易度一般，要在幼犬时就严格调教它，否则成年后主人很难控制。罗威纳犬对恶意的入侵者十分凶猛，具有保卫家园、家庭的天性，特别适合作为护卫犬、警犬。

饲养特点

罗威纳是一种护卫犬，在饲养前体形和力气也必须列入考虑。它强壮的肌肉使它在体形上显得精力充沛，因此，罗威纳犬不适合老年人、身体虚弱的人或者小孩子饲养。幼犬时肠胃比较弱，要注意喂食，但成年罗威纳犬不挑食。罗威纳犬的被毛整理起来很简单，为了让毛看起来光滑漂亮，饲主必须经常加以梳理。纯种罗威纳犬一般不会轻易乱叫，不用担心它打扰邻居。总体来说，罗威纳犬属易饲养犬种。

12. 英国寻血猎犬

原产比利时，别名圣·休伯特猎犬，是世界上品种最老、血统最纯正、体形最大的嗅觉猎犬之一。8世纪时，在比利时被饲养作为狩猎犬，以圣·休伯特犬之名闻名。圣·休伯特犬受法国王室宠爱，1066年，由威廉王带到英国，经过几个世纪的品种改良，育成如今的寻血猎犬。一个世纪以来，这种猎犬在美国也十分有名。

英国寻血猎犬颈部长，肩部肌肉发达，胸部适当地陷于前腿之间，形成深陷的胸骨。背和腰强健。被毛摸起来薄而极其蓬松，颈部和头部皮肤上深深的褶皱特别引人注意。身高58~69厘米，体重36~50千克，寿命13~14岁。

头部 头部就长度比例而言有些狭窄，就身体比例而言较长，两侧扁平。眼睛深陷在眼眶里，眼睑呈菱形或钻石形，眼睛与猎犬毛色的整体色调一致，在淡褐色到黄色之间变化。耳朵薄而软，特别长，位置低，合拢下垂，末端向里、向后卷曲。头部有大量松弛的皮肤。鼻孔大而张开。嘴唇呈方形。

四肢 前腿直立且骨骼大，肘与身体成直角。脚强健而且趾关节发育良好，股骨和胫骨部肌肉非常发达。

被毛 有浓密而防水的底毛。外层披毛硬、有弹性，紧贴身体。毛发直或呈波浪状。毛色为黑褐色、赤褐色和红色，较暗颜色的被毛有时会分布着浅色或獾皮毛的颜色，有时也会有白色斑纹。尾长而呈锥形，位置相当高，并有浓密的毛发，高高举起。

内容	推荐指数
体味	★★★
掉毛	★★★☆
吠叫	★★★
运动需求量	★★★
卫生习惯	★★★
综合推荐	英国寻血猎犬性格温顺和善，外表迷人，天性有些胆怯。饲养时需要大量的运动和有规律的生活起居习惯

生活习性

英国寻血猎犬性格温顺和善，外表迷人，体力很好。它非常慈爱，既不和同伴争吵也不和其他犬争吵。它天性有些胆怯，对主人的亲切和责备同样敏感，是所有犬种中最温顺的。表情高贵而威严，表现出严肃、睿智和有力的特征，个性内敛、保守。在服从方面，英国寻血猎犬学得很快，但除非教导它喜欢这个类型的工作，否则可能有些固执。

饲养特点

英国寻血猎犬个性温和，对家庭成员忠诚友善，饲养时需要大量的运动和有规律的生活起居习惯训练，适时地补充钙质，追踪性的游戏是它最感兴趣的，也符合它被培育的目的及天性。

13.金毛寻回犬

原产英格兰和苏格兰。金毛寻回犬在18世纪由英国苏格兰一个叫Lord Twadmouth的猎场看守人于苏格兰河近郊尼斯郡开始培育而得，原来的品种是由不知名的黄色寻回犬及苏格猎长耳猎交配而成的，因此金毛寻回犬有很强的游泳能力并能把猎物从水中叼回给主人，是人类忠实、友善的家庭犬及导盲犬。1908年首次展出。

金毛寻回犬是一个漂亮、强健、体形匀称的犬种，身高55~61厘米，体重27~34千克。

头部 头盖宽阔，侧面微拱。鼻子为黑色或棕黑色，寒冷的气候有可能会使颜色变浅。眼睛呈暗褐色，黑又明亮，适度凹陷，大小中等。耳朵较小，前后缘较相近，下垂，紧贴面颊。如果向前拉，耳尖刚好盖住眼睛。口吻结实，宽而深。

四肢 前肢强健，与后躯协调良好，动作自如。从前面看，腿直而骨量充足，但不能显得粗壮。后肢宽，肌肉十分发达，从侧面看，臀部略下斜，从后看，腿直。

被毛 浓密，底毛防水。披毛硬且有弹性，既不粗糙也不过分柔软，紧贴身体；毛直或呈波浪状。毛色一般为各种色泽的金黄色，羽状饰毛可比其他部位色泽略淡。尾巴长但不卷曲。

生活习性

金毛寻回犬友善、可靠、可依赖，可爱，温顺，聪明伶俐。金毛寻回犬对每个人以及其他的犬都十分友好，喜欢陪伴在人的周围，自我保护能力差。易驯养，竞技表现出众，喜欢取悦于人，是一种喜欢户外活动的家庭犬。金毛寻回犬的天赋能力包括搜寻、跟踪、取回、检测毒品、灵活敏捷、高服从等，喜爱游泳。

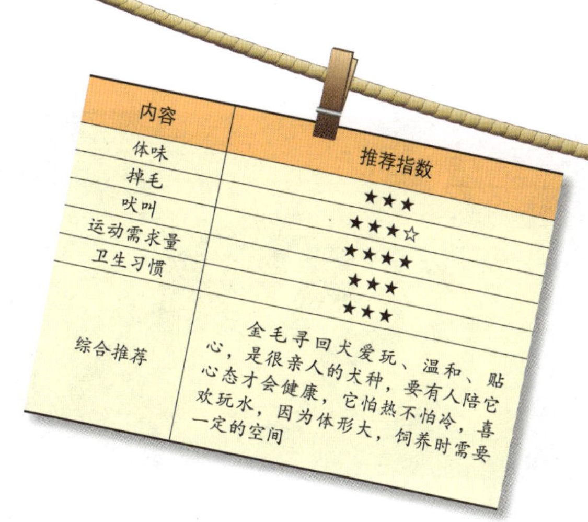

内容	推荐指数
体味	★★★
掉毛	★★★☆
吠叫	★★★★
运动需求量	★★★
卫生习惯	★★★
综合推荐	金毛寻回犬爱玩、温和、贴心，是很亲人的犬种，要有人陪它心态才会健康，它怕热不怕冷，喜欢玩水，因为体形大，饲养时需要一定的空间

饲养特点

金毛寻回犬表情友善，个性热情、机警、自信，属易饲养犬种。非常依赖人，要多陪陪它。此犬易患关节炎和骨质疏松症，所以不要让爱犬在阴凉的地方睡觉，注意冬季气候变化，以防感冒发烧及呼吸道疾病。洗澡不宜频繁，时常修剪脚底毛和趾甲，做好耳、眼护理。

14. 德国牧羊犬

原产德国，起源于19世纪，1880年此犬已经在德国各地固定下来，并作为牧羊犬使用。1882年，在德国汉诺威展览会上第一次展出。1914年，美国成立德国牧羊犬俱乐部。1908年，AKC正式认可此犬种。

德国牧羊犬结实、敏捷、肌肉发达、警惕且充满活力。一般身高55~56厘米，体重34~43千克，寿命12~13年。

头部 头长形，从前面观察，前额适度圆拱，脑袋倾斜且长。口吻呈楔形，止部不明显。眼睛中等大小，杏仁形，位置略微倾斜，不突出。耳朵略尖，耳根宽，与脑袋比例匀称，向前倾，关注时耳朵直立。吻部长而结实。鼻镜黑色，嘴唇大小、位置匀称，颌部非常坚固。

四肢 前肢都是笔直的，骨骼呈卵形而不是圆形。足短，脚趾紧凑且圆拱，脚垫厚实而稳固，趾甲短且为暗黑色。后肢整个大腿组织非常宽，上下两部分大腿肌肉发达、稳固。上半部分大腿骨与肩胛骨平行，而下半部分大腿骨与上肢骨平行。

被毛 为中等长度的双层被毛，披毛尽可能浓密，毛发直、粗硬且平贴着身体。略呈波浪状的被毛，通常是刚毛质地。德国牧羊犬的颜色多变，大多数颜色都是允许的，浓烈的颜色为首选。尾巴平滑与臀部结合，位置低。休息时，尾巴直直地下垂，略微弯曲，呈马刀状。

内容	推荐指数
体味	★★★
掉毛	★★★☆
吠叫	★★☆
运动需求量	★★★
卫生习惯	★★★
综合推荐	德国牧羊犬性情温良，服从命令，感觉敏锐，警惕性高，对主人忠诚，不易被收买，现已被广泛用于军警方面。饲养它需要一定的活动空间，不太适合城市家庭饲养

生活习性

德国牧羊犬性格稳健、镇静、自信、不拘束，对指令完全服从，并且有饱满的精神状态，行动轻盈敏捷。德国牧羊犬具有丰富的嗅觉，它是一种多用途的追踪犬和搜索犬，是攻守皆宜的犬种，作为工作犬和宠物犬都是可以的。

饲养特点

德国牧羊犬是非常优秀的工作犬种，很适合用来训练做防爆犬、搜索犬、护卫犬。由于体形较大，对陌生人有警觉，护卫意识强，因此不适合在空间狭小的城市家庭饲养。德国牧羊犬的被毛是直毛，一年换两次，换毛时要特别注意护理。此外，它有髋关节发育不全的遗传性疾病，饲养时也要注意。

15.拉布拉多猎犬

原产加拿大。拉布拉多猎犬起源于1800年之前的加拿大东南方的纽芬兰岛西岸及东南岸沿海。19世纪，纽芬兰的渔夫们将携带过来的拉布拉多猎犬当作买卖品交易。此品种很快就以猎枪犬的身份进入英国，蒙兹贝利伯爵将此犬命名为拉布拉多猎犬。

拉布拉多猎犬是一种结构坚固但较短、中等体形的犬。其身高一般在54~57厘米，体重25~34千克，寿命10~12岁。

头部 圆头形，脑袋宽阔，脑袋与前脸处在相互平行的面上且长度大致相等，嘴宽。鼻镜宽阔且鼻孔非常发达。黄色或黑色犬的鼻镜为黑色，巧克力色犬的鼻镜为褐色。耳朵挂着，适度贴近头部。眼睛中等大小，位置分得较开，眼神锐利、友善。

四肢 前腿从前面观察，前腿直，骨骼强壮。从侧面观察，肘部正好位于马肩隆下方，前肢垂直于地面。后腿直且彼此平行，后腿的骨骼、肌肉强健，膝关节角度适中，大腿有力而轻盈。

被毛 拉布拉多猎犬的被毛与众不同，披毛短、直且非常浓密，触摸时，给手指一种相当坚硬的感觉。它还拥有柔软且能抵御恶劣气候的底毛。毛色有黑色、黄色和巧克力色三种。尾巴粗实，根部厚，向尖端逐渐变细，从而形成了奇特的圆形外观，被描述为“水獭”尾巴。

内容	推荐指数
体味	★★★
掉毛	★★★☆
吠叫	★★★☆
运动需求量	★★★
卫生习惯	★★★
综合推荐	拉布拉多猎犬性情温和、聪明听话、容易训练、活泼好动、忠于主人、服从指挥，是非常受欢迎和值得信赖的家庭犬

生活习性

拉布拉多猎犬憨厚且守本分，忠诚、沉着、聪明，举止文雅，使它成为一种理想的伴侣犬。喜欢外出，天生容易调教，渴望取悦于主人且对人类或其他动物没有攻击性。

饲养特点

拉布拉多猎犬体形适中，对人友善，能够适应城市家庭生活，是优良的家庭伴侣犬。在室内饲养时，由于它的成长速度很快，所以应该准备较大的笼或围栏。基本上不需要太大的运动量，每日或隔日带它外出走12~20分钟路即可。此外，拉布拉多猎犬乐观而贪吃，容易发胖，不要喂食过多。

16. 古代英国牧羊犬

产地血统

原产英国。古代英国牧羊犬是英国最古老的牧羊犬种之一。在古代英国西部农村地区为了赶家畜到牧场，农夫们培养出这种机敏的牧牛、牧羊犬种。此犬的祖先包含了长须牧羊犬及各种欧洲牧羊犬之血统。19世纪时，古代英国牧羊犬广为农业地区使用。1873年，首次在英国展示会上公开亮相。1888年，AKC正式认可此犬种。

外貌体征

古代英国牧羊犬总体外观强壮，侧面呈近似正方形，拥有覆盖面积大、丰厚而有质感的被毛和自如的长腿。身高56~61厘米，体重29~30千克，寿命10~12岁。

头部 长头形，脑袋宽大且呈正方形，眼睛上面的部分(眼窝以上)适度圆拱。整个脑袋被浓密的毛发所覆盖。眼睛为褐色、蓝色或一个眼睛褐色、一个眼睛蓝色。如果是褐色，颜色越深越好；如果是蓝色、灰白色、青灰色或环状眼，也都属于很典型品种。耳朵中等大小，平贴在头部两侧。鼻镜黑色，大且宽阔。

四肢 前肢绝对笔直，且骨量充足。从马肩隆到肘部的距离与从肘部到地面的距离相等。后躯圆且肌肉发达，站立时，无论从哪个角度观察，跖骨都垂直于地面。足爪小而圆，脚趾圆拱，脚垫厚实而坚硬，趾尖笔直向前。

被毛 被毛非常丰厚，质地较硬，不直，但很蓬松。毛发的品质和质地要比单纯的毛量更重要。在没有修剪和季节性脱毛前，底毛具有防水能力。毛色为灰色、灰白色、蓝色或芸石色，带有或不带白色斑纹。尾巴在贴近身体处切断，所以没有自然摆动的尾巴。

内容	推荐指数
体味	★★★
掉毛	★★★
吠叫	★★★
运动需求量	★★★
卫生习惯	★★★
综合推荐	古代英国牧羊犬非常迷人，被毛丰厚、浓密，肌肉发达，身躯强壮，适合城市生活，并能作为小孩的伙伴，但不适应高温天气，需要经常训练和梳理被毛，要注意眼部护理，易得眼疾

生活习性

古代英国牧羊犬性格温和，聪明，大胆机敏，随和友善，小时候比较顽皮，长大后不喜欢乱跑乱跳，会出现一段短暂的破坏期，两岁过后，个性趋于稳定。对主人忠诚，具有领导羊群的优秀潜质，易训练，服从性高，深受儿童们的喜爱。

饲养特点

古代英国牧羊犬是一个温柔的大块头，个头大、分量重，每天都要保证其一定的运动量（半小时以上的散步时间）。被毛非常丰厚，要勤于打理清洁，还要定期美容、洗澡。饲养者要有一定的经济能力和时间。古代英国牧羊犬眼睛怕光，所以不要刻意地把眼睛旁边的被毛扎起来，否则眼睛受到光的刺激会不舒服。

三、犬的选购与饲养

（一）犬的选购

犬的选购是一门学问，是每个养犬者应该掌握的一门技术。现实中经常见到一些犬主不会辨别公母犬、不认识健康犬和病犬、难识别纯种犬和杂种犬等，给自己带来一定的烦恼。下面我们从几方面来讲讲犬的选购。

1. 购犬的几个要素

(1)**犬的体形**。根据犬的品种及特点、饲养空间及饲养目的来考虑犬的体形。大中型犬占的饲养空间大，需要一定的活动场所，如有别墅、带院落等大空间房子，可饲养大中型犬。如果在居室中饲养，建议只养小型犬，特别是现在一些大中城市都制定了限制养犬的制度，有的城市还规定了只能养小型犬，所以犬主在选择犬种时要量力量策而行。

(2)**犬的性别**。公犬性格刚毅，活泼好斗，防盗性能好，但性成熟后经常会抱住人腿、鞋子等做出交配动作，还有零星撒尿等举动，都会给犬主带来烦恼。如不想让公犬繁殖，施行睾丸切除手术可克服这些缺点。母犬性格温顺，容易调教，可产仔送人或出售。但每年两次发情期间，阴道流血会污染环境，同时还会增加怀孕、产仔带来的麻烦。施行卵巢切除术或输卵管结扎术可解除上述麻烦。犬主要根据饲养目的、业余时间及爱好来决定养公犬还是母犬。

(3)**犬的年龄**。一般买幼犬较好，因其能很快适应新环境，与犬主建立良好的关系，容易训练和调教，并且可以按犬主的要求养成良好的生活习惯。但幼犬的生活能力弱，需防寒防冻，且喂食次数多，管理须精细，花费时间多。成年犬生活能力强，对环境的适应性好，饲养管理可粗放一些，但不易与新犬主建立良好的关系，已形成的习惯不易改变，购买时要考虑清楚。

(4)**犬的毛发**。犬的毛发大致分长、中、短三种。长毛犬的毛发容易缠结到一起，易发生皮肤病，需花一定的时间为犬梳毛，洗澡后更需完全吹干，耗时长。但长毛犬高雅漂亮，惹人喜爱，适合喜欢给犬打扮的女性饲养。中、短毛犬则易打

理，耗时短，适合业余时间较少的人士饲养。犬在春、秋季及产后都会换毛，犬主应及时清扫，保持饲养环境干净卫生。

(5)**犬的纯杂**。杂种犬价格低、抗病力强、容易饲养，但外形较差，繁殖的幼犬价值不高，而纯种犬则恰恰相反。如单纯是为了好玩，杂种犬比纯种犬好。如以经济为目的，考虑要繁殖、参赛等，建议饲养纯种犬。

(6)**购犬地点**。购买犬的地点很多，各有其优缺点，下面分别加以介绍。

①亲戚朋友家。这是购买犬的最佳地点，可获得准确的信息，如出生日期、公母犬基本情况、疫苗注射等，犬仔一般比较健康，而且价格也好商定。其缺点是犬每年只产仔两次，需耐心等待。

②专业繁殖场。品种较纯，一般健康强壮，犬的资料齐全，信息可信度高。因其场地、人工、饲养管理等费用开支较大，价格会相对昂贵，但不失为较好的买犬点。

③宠物商店。宠物商店犬的品种较齐全，会随时满足购犬者的要求；因其有固定的经营场所，店主要维持良好的信誉，一般不会卖病犬(指临床症状)，提供的信息较准确。其缺点是价格较贵。

④宠物市场。价格较便宜，但犬的健康难以保证，提供的信息可信度低，年龄不真实，免疫注射不可靠。建议买犬者慎重考虑。

⑤流动场所。这里的流动场所指的是街头巷尾、不固定的民众集合地等，在流动场所买犬是最不可靠的，品种杂、质量差、疾病多，染毛犬、剪毛犬常在这些地方出售，不建议在此购买。

⑥网购。网购宠物犬，越来越成为购犬的一种流行方式，尤其受到年轻消费者的喜爱。一者可大大节省逛街的时间，省时省力；二者可看到犬的品种介绍，包括

大小、品性、饲养特点及价格等，且网上品种齐全，价格适中。缺点是看不到实物，存在以次充好的风险，且售后服务难以保障。建议谨慎购买。

2. 如何选犬

选购犬要全面、仔细，即使在同一窝中，也要选体格健壮、性格优良的犬。下面介绍选犬的几个方面：

(1)整体观察——精神、体形、被毛。被毛光泽，不粗乱，无脱落，颜色自然，不打结。特别需注意长毛犬四肢远端的被毛常打结，易引起瘀血坏死。健康的犬体格健壮，不弓腰缩腹，肥瘦适中，活泼好动，反应灵敏，愿与人玩耍。若萎靡不振、反应迟钝、爱卧地或垂头呆立、消瘦的犬，大都是不健康的。若反应过于灵敏、惊恐万分、盲目乱窜，属胆小或神经过敏型，也不适合饲养。

(2)精挑细选——分部位选择。

①眼睛。眼睛应大而有神，眼睑正，色黑，无红眼圈。眼结膜粉呈红色，不充血、不瘀血，角膜呈黑色，不浑浊，无溃疡，不流泪，无眼屎。

②耳朵。触摸时应不冷不热，耳廓无丘疹，无结痂，无溃烂，耳内无耳垢，无臭味。

③鼻子。鼻镜色黑、湿润、冰凉。鼻孔不流浆液性或脓性分泌物。无结痂，无臭味。凡鼻镜发热、干燥甚至干裂或流鼻涕，均是患病表现，不宜选购。

④口腔。口腔应清洁湿润、无臭味。黏膜呈粉红色，舌为鲜红色，无舌苔。牙齿洁白健全，咬合良好。齿龈应无炎症，闭嘴时上下嘴唇闭合良好，不流涎，嘴角被毛颜色正常，清洁干燥。

⑤颈部。颈部皮肤皱褶多，易发生皮肤病。要检查被毛是否打结，有无丘疹、脱毛。要手触摸检查下颌淋巴结大小，触摸咽喉、气管，诱发咳嗽，如下颌淋巴肿大，连续咳嗽，有痰，疑似患病。

⑥背部。触摸背部是否平直及肌肉多少。若脊椎清晰可数、弓背，则是消瘦的表现，疑似食欲不振或有寄生虫病等疾病。

⑦腹部。将犬仰卧，重点检查肚脐处

有无包块，如有包块，则为脐疝，用手指轻轻按一按，看其内容物能否回纳，如能回纳，则为可腹性脐疝。乳头应为4~6对，对称，乳头突出不凹陷。

⑧腹股沟部。仰卧保定，前躯抬高，如腹股沟有包块，则怀疑为腹股沟疝，不宜购买。

⑨四肢。四肢应匀称，直立而平行，关节不肥大，无“X”或“O”型腿。如腕关节、踝关节弯曲，常是缺钙的表现。如卧地后见一只或多只脚远端有节律地抽动，多为病犬或疾病康复后的后遗症状。

⑩肛门。肛门应紧闭内缩，无红肿溃烂，肛门周围被毛颜色正常，坐时安静，不用肛门擦地。若肛门奇臭，红肿，疑肛门腺发炎。

⑪尾巴。有品种特征，长短适中，不咬尾巴。如犬转圈欲咬尾巴，被毛脱落，有血迹，多见于皮肤病，选购时要特别注意。

⑫食欲。食欲应旺盛，进食快，狼吞虎咽，吃饱后腹部无膨胀现象，则表示机体健康。

⑬大小便。大便应成条状，不粘在肛门周围毛上，无黏液、血液和寄生虫。小便颜色正常，不浑浊，排尿通畅，无血液，则视为正常。

⑭皮肤。皮肤应有弹性，颜色红润，无丘疹、红斑、包块、结痂。重点检查腹下、颈部、腹股沟部、嘴角、耳廓、四肢远端的甲沟等处。

(二)犬室与养犬用品

购犬之前，要做好各方面的准备，包括犬的饲养场所、用具、用品等。

1. 犬室

根据犬体形的大小来购买犬舍和犬笼。犬舍分固定式和移动式两种，犬笼品种较多，材料各不相同，一般以不锈钢为好，美观耐用。对于小型玩赏犬，木箱、纸箱也可做犬笼使用，但要注意清理。

2. 食具

饮食用具是指喂犬的食盆、水盆，要求坚固不易损坏、便于洗涤，如不锈钢盆、铝盆、铁盆均可，陶瓷盆易碎，

选择时应考虑饲养犬的性格。器皿的大小形状，依犬而定。短鼻扁脸的犬种，宜用浅器皿；耳朵较长犬种，宜用平宽器皿，使它们的口鼻部伸入，耳朵留在碗外，器皿使用后一定要清洗并定期消毒，保持清洁。

3. 牵引用具

带爱犬外出散步时，一定要用颈圈和牵绳，并在幼犬时就要养成带颈圈的习惯。颈圈可由皮制品、尼龙、金属及棉织物等制成，紧松、大小要依犬体而定，

不锈钢颈圈和链条美观耐用，但一般只用于短毛的中型或大型犬。牵绳也是用皮带、帆布带、纤带或铁链等制成。小型犬一般以120~150厘米长细软的棉绳为好。牵绳的末端要有脱套，而且有不会从颈圈上脱落的套钩。

4. 清洁用具

主要包括刷子、梳子、剪刀、电吹风、清洁剂等。刷子以猪毛刷为好，长毛犬宜用稍长而硬度中等的毛刷；短毛犬则

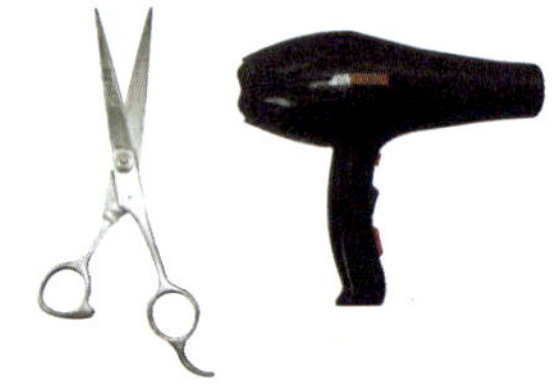

用毛稍短而硬度大的毛刷。梳子以金属梳为好，粗毛犬选用稀齿梳；细毛犬宜用密齿梳。剪刀用于剪犬的脚趾尖和被毛；肥皂、清洁剂供犬洗澡用。此外，还要常备一些药用棉、纱布、消毒药、30%碘酊、紫药水及抗生素药膏等。并且室内养犬一定要有便盆，盆内可放上旧报纸等，以便随时更换。

5. 玩具

犬有搬运和咬东西的习惯，因而必须根据犬的爱好，准备一些不易吞下、不易碎和无毛的棒、球类玩具，供犬玩耍，这些玩具在训练犬时非常有用。

6. 其他用品

根据饲养需要，犬主应为爱犬备些日常需要的用品，如衣物、犬垫、宠物包、滴耳露、拾便器、驱虫喷雾剂和常用消毒药品等。

（三）犬的食粮

喂给犬的食品尽量满足它健康成长所需的一切营养，完整和营养丰富的犬粮是狗狗们生长发育营养需求的来源。犬粮是专门为犬提供的营养食品，介于人类食品与传统畜禽饲料之间的高档动物食品。犬粮的硬度是按照犬牙齿的硬度特别设计的，这样不仅可以锻炼它们的牙齿，还有清洁口腔和预防牙结石的作用。

在选择犬粮之前，要确认宠物的品种、种类和生理阶段，搞清是幼犬还是成犬，体形是属于迷你型、小型、中型还是大型犬，不同种类和不同生理阶段的宠物，饲喂犬粮的分量和方法是不同的。每一种犬粮的营养指标各有差异，因此，要结合自家宠物的品种、种类和所处的生理阶段，然后仔细阅读犬粮包装袋上的说明建议，选择合适的犬粮品牌进行饲喂。

1. 犬粮的选择

优质的犬粮应包含以下几个方面：

(1)**包装精美**。犬粮包装精美，且包装是经专门设计制造的防潮袋，低档犬粮为节约成本一般使用塑料或者牛皮纸包装，容易使犬粮变质。

(2)**香味自然**。犬粮开袋后能闻到自然

的香味，令闻者产生食欲，低档的犬粮一般常用化学添加剂，故开袋后有刺鼻的味道，比如浓烈的香精味。

(3)**外形饱满**。犬粮颗粒饱满、色泽较深且均匀，油润感由内而外。低档犬粮由于生产工艺、原材料等原因，颗粒不均匀、色泽较浅且不均匀，显得较为干燥，更有些厂商为了使犬粮更有卖相，在犬粮的表面涂了一层油并上了色素。

(4)**营养丰富**。犬粮含有丰富的营养成分，且便于犬吸收，故每次喂食量不需要很多，在每种犬粮包装袋的用量表中可以看到每次需投放的食量。

(5)**口感不错**。犬粮适口性好，犬比较爱吃，食用后不会出现生长停滞。并且犬的粪便软硬度适中，量和臭味也较少。犬长期食用固定犬粮一般不会出现发胖、消瘦、皮肤发痒、干燥、起皮屑等现象。

(6)**有利健康**。犬食用犬粮后毛发光亮柔顺，不会病变性地掉毛、断毛。不会出现因缺乏维生素和微量元素而造成的疾病。

2. 购买注意事项

(1)**阅读产品说明**。目前，市面上犬粮主要有三种分类，分别是作为日常主食使用的营养较全面的全营养犬粮、特殊口味的间隔型犬粮以及生病或孕期专用营养辅助型犬粮，应根据具体情况分别选购。犬粮品种繁多，国内主要有澳洲冠能、爱慕丝、素力高、皇家、宝路等品牌。选购犬粮时，应认真阅读产品说明，看清产品的使用目的，并确认原材料、成分、内含量、保质期、喂食次数、喂食量及喂食方法等。

(2)**尽量少变更犬粮品牌**。随便改变喂食的品牌易引起犬的食欲下降和消化不良。如必须换品牌喂养时，也要先在新犬粮中混入一定量的原品牌犬粮混合喂养一阵子，并选择在犬的身体状况较好时更换。

(四)犬的饲养要点

随着宠物犬走进千家万户，如何饲养管理好家中的爱犬已成为犬主最关心的问题之一。尤其是家庭养犬，由于它处于特定的环境，与人的关系十分密切，若犬的饲养管理得当，不仅减少了犬疾病的发生，也增加了养犬乐趣，事半功倍。因此，犬主掌握科学的饲养方法和管理知识十分必要。

1. 犬的常规管理

(1)**饲喂要点**。犬喜欢有规律的生活，饲喂应做到定时、定量、定餐。一要注意进食习惯，在正常的情况下，吃东西是犬一天中最兴奋的时刻，如果进食无定时，会造成犬心理上的压力。犬每次进食最好在15~30分钟内吃完。不论吃不吃也要把食盆拿走，过一段时间再喂，不能长时间把食盆放在犬笼舍里，以免不卫生和养成犬的坏习惯。二要注意观察犬的吃食情况。喂食前后均不应进行剧烈活动。如发生剩食或不吃等现象，应查明原因，采取措施。忌啃鸡骨、鱼刺、鱼骨；忌食乌贼、章鱼、螃蟹、辣椒、胡椒、糖块等有刺激性食物。三要将食物调制得当。一般以熟食为主，生食次之。喂的食物温度不应超过犬的体温，即38℃左右。可在犬食

中加少许盐，刺激食欲。可适当吃蔬菜和水果，以防止便秘。

(2)**犬体卫生**。要经常给犬梳理被毛、洗澡和适当的修饰。这不但有利于犬的健康和居室的卫生，而且会使犬更加美观。

(3)**适当运动**。犬是喜动不喜静的动物，适当的运动能促进新陈代谢，增强食欲，使犬体魄健壮，增强持久力、弹跳力和敏感性。此外，犬主与犬一起运动、玩耍可增进感情。运动应在早晚进行，早晨空气新鲜、凉爽；晚上环境安静，没有干扰，且犬喜夜行。运动量因品种、年龄和个体差异而异，一般每日两次，每次30分钟比较合适，夏天运动量要小些，冬天可适当增加。

(4)**疫病防疫**。犬的传染病最易侵袭幼犬，且幼犬感染传染病后治愈率较低，所以从小接种疫苗预防必不可少。幼犬最佳免疫时间为40~50日龄，在健康情况下，给予注射狂犬病、犬瘟热、犬细小病毒等疫苗，以后每年须加强注射，保持健康。同时，注射疫苗期间应禁用各类药物，少洗澡，避免剧烈运动，避免应激，严防与病犬接触。

(5)**防病驱虫**。犬有很多种寄生虫，常见的体内寄生虫有线虫(蛔虫、钩虫、鞭虫)和绦虫，体外寄生虫有蚤、螨、虱等，这些寄生虫多属于人畜共患的寄生虫，对

犬和人体健康有较大的危害。因此，需做好驱虫工作，常用的驱虫药有伊维菌素、左旋咪唑、抗螨敏、灭虱精等，用药要适量、全程，以杀死虫体及虫卵，一般每隔4~6个月驱虫1次。

2. 不同季节的管理

随着季节的转换，犬的生理状态也发生一定的改变，以适应各种环境和气候。因此，在管理上不同的季节要有所差别，特别要预防季节性多发病。

(1)**春季发情管理**。春季是犬发情、交配、繁殖和换毛的季节。要注意犬的发情管理，犬在发情期间，其生理功能和行为常会发生一些特殊的变化。发情母犬会到处乱走，要看管好，尤其是优良的纯种犬，不可任其外出自由交配，以防品种杂

化。春季也是换毛季节，厚实的冬季毛将要脱落，如不及时梳理，不洁的皮肤会引起瘙痒，犬会以抓挠和摩擦身体来消除痒感，这就容易将皮肤弄破，引起细菌感染。不洁的被毛易打结，为体外寄生虫和真菌的繁殖提供有利场所，引起皮肤病。因此，春季应注意被毛的梳理和清洁，预防皮肤病。

(2)**夏季高温管理**。夏季气候炎热、潮湿，应注意防暑、防潮。为此，应避免在烈日下活动，犬舍应移至阴凉处，炎热天气时应经常为犬进行冷水浴，要勤换、勤晒垫褥等铺垫物，保持犬舍通风。犬舍用水冲洗后，一定要彻底晾干后方能使用，被雨水淋湿后的犬要及时用毛巾擦干。夏季犬饲料易发酵、变质，容易引起食物中毒。因此，喂犬的食物最好是经加热处理后放凉的新鲜食物，喂给量也要适当。对已发酵变质的食物要坚决倒掉，犬吃了含有毒素的食物，会引起食物中毒，故每当喂食后不久，若发现犬有呕吐、腹泻、全身衰弱等症状时，应迅速到动物诊所接受治疗。

(3)**秋季代谢管理**。秋季犬体内代谢旺盛。食欲大增，食量增加，同时换毛开始，一年中第二个繁殖季节也来临，其管理方法与春季有许多相似之处。做好过冬体质方面的储备，需注意梳理被毛，以促进冬季毛的生长。深秋之际昼夜温差大，应做好晚间犬舍的保温工作。

(4)**冬季保暖管理**。冬季天气寒冷要注意防寒保温，管理的重点应是防寒保温，预防呼吸道疾病。由于气温降低，机体易受寒冷空气袭击，运动后、被雨淋、风吹以及犬舍潮湿等都会引起感冒，严重的会继发气管炎、肺炎等呼吸道疾病。冬季天晴时，应适当加强户外运动，以增强体质，提高抗病能力。

(五)犬的基本训练

一条没有训练过的犬对于犬主来说是一种负担，对于犬本身来说也是不幸的。训

练有素的犬易于饲养，更具伙伴性，但训练出一条出色的犬需要爱心、耐心和对爱犬行为的理解，需要方法和技巧。犬是有思维能力的生命，每个犬种都有不同的个性，作为犬主必须了解自己的爱犬，并且进行有针对性的训练。原则上每条犬都是可以训练出来的，但所需要的时间各异。

1. 训犬的原则

对犬基本的训练应遵循不可急躁冒进这一原则。每一个完整的动作不是一蹴而就的，必须循序渐进、由简入繁，由每种单一条件反射动作再组合成复杂动作。如在衔取动作中，它包括了“去、衔、来、坐、吐出”等一系列条件反射，形成一个固定的动作定型，以后只要听到这一体系中的第一信号，就会完成这一系列动作。

每条犬都有嗅、闻、衔取等本能，但由于每只犬的神经类型、个性以及饲养目的不同，训练中应根据犬的不同特点，分别对待。

(1)**兴奋型犬**。这种犬的特点是兴奋性强，抑制性弱，形成兴奋性条件反射快而巩固，形成抑制性条件反射则慢而易消失。因而在训练中主要是培养、发挥其抑制过程，不要急躁冒进，以免引起不良后果。

(2)**活泼型犬**。这种犬的特点是兴奋和抑制过程都很强，转换也灵活，训练中形成兴奋性反射和抑制性反射都很快。如果训练方法不当，易产生不良联系，因而要特别注意手段，采取严格的方法。

(3)**安静型犬**。这种犬的特点是兴奋和抑制过程都特强，但转化灵活性较差，其抑制过程相对要比兴奋过程稍强。在训练过程中形成抑制性条件反射较快，而且形成的反射也较巩固。所以，在训练中应着重培养犬的灵活性，适当提高兴奋性。

此外，还可能遇到其他类型的犬，对待它们的训练方法是扬长避短，巧妙地应用条件反射刺激与非条件反射刺激及逐渐改善的方法加以训练。

2. 训犬的要领

无论是警犬、猎犬还是玩赏犬，它们的训练科目都很多，为使受训犬都能根据犬主的口令、手势顺利地做出动作，准确地完成各项任务，必须正确掌握训练要领，使犬迅速养成良好、稳定的条件反射。训练犬的基本要领包括诱导、强迫、禁止和奖励。

(1)**诱导**。用食品等引诱犬做某种动作。诱导与适当的强迫相结合，效果较佳。对幼犬的训练以诱导为主。但对兴奋灵活的犬不宜多用。

(2)**强迫**。以机械反应和威胁音调的口令为主，强迫犬做出相应动作的手段。强迫训练开始时，下达威胁音调的口令，并与机械刺激和适当的奖励相结合，效果较好。强迫手段的刺激强度因犬而异，对灵敏性较强的犬，特别是胆子小一些的犬，刺激强度应相应小一些。

(3)**禁止**。用威胁音调发出停止动作和纠正不良行为的口令，要伴以有力的机械刺激一起进行。下达禁止令要在犬的不良行为的初期，态度要严肃，当禁止口令执行得好时要予以奖励。

(4)**奖励**。奖励手段包括赏给食物、抚拍、衔物、游散和用奖励音调给予表扬。这是用以强化正确动作、调节犬的神经活动状态的手段。奖励要及时，要根据兴奋程度的不同，给予不同方式的奖励。如食物奖励，应在犬主先行发出奖励音调、抚拍后再给予。对于兴奋程度高的犬，用衔物奖励比食物奖励好。犬崽特别喜欢衔取或撕咬犬主的拖鞋、手套、玩具、报纸等，这既是一种顽皮的表现，又是长牙齿的需要，也是一种锻炼，要结合好。

3. 训犬的注意事项

(1)**建立犬与犬主的亲和关系**。对于刚买回来的犬，犬主要主动建立起亲和关系，起初让犬对自己对家庭成员及周围环境有个习惯过程，犬主应多接近犬，经常抚拍、逗引它，性情要温顺，态度要和蔼，举止要正常，不要大声喊叫，对那些感情转化慢的犬，要有耐心，不要急躁。训练中要以情训犬，赏罚得当，这样犬便会给你带来喜悦、欢乐和满足。

(2)**正确使用手段**。奖励是训练成功的重要手段，需正确掌握奖励手段的表达，主要包括下达“好”的口令、抚拍和食物奖励。其中“好”的口令是最佳的奖励方式，它具有直接、简便、效果佳等优点。当然，犬并不明白“好”是赞赏的意思，这就需要让犬对“好”的口令建立条件反射，即下达“好”的口令之后，应立即给它食物奖励，把“好”与奖励食物联系起来，这样反复多次地进行训练，犬即能对“好”的口令建立条件反射。

特别要注意在应用“好”的口令时，要恰到好处，不要滥用。当犬做出合乎人意的行为或动作时，应及时使用“好”的口令进行赞赏。当犬做出令人不满意的动作则要进行批评，只有这样才能培养出听话的犬，并深通人性。

(3)**劳逸结合**。训练中不要过度疲劳，适当安排休息，以免使犬丧失对训练的兴趣，影响以后的训练。

4. 基本动作训练

(1)**排便的训练**。事先给犬准备大一点的平底盘子，在底部铺塑胶布，上面铺上几张事先染上所养犬尿迹的旧报纸，然后放在走廊的角落或厕所、浴室内。犬的便意通常是在刚睡醒时或刚吃过饭后，犬即将解大小便时，会闻地面，这时，应立即将犬带到犬便器旁。如果看到犬不在规定的便器内排便而在其他地方时，应马上

把它的鼻子按在排便的地方，并严加责备：“不准在此地排便”，同时用手打其屁股，以示警告。然后在其排便的地方，用肥皂水冲洗干净，去除臭味。否则，犬嗅到它自己粪便的气味，还会在此地大小便。只要反复数次，耐心调教1~2周，较慢的3~4周就能学会。往后除了外出，它通常都会在规定的地方排大小便。排完便后，把上一层的两张报纸和粪便一起处理掉，留下一张稍微有粪便气味的即可。

(2)**散步的训练**。初次牵犬散步，需给它装项圈。一般脖子与项圈之间能够伸进两个手指为宜。牵犬散步的正确方法是让犬在犬主的左边，不要让犬拉着跑，应该拉紧带子。犬习惯以后，即使没有带子，它也不会随便乱跑。

(3)**奔扑的训练**。犬为了表示亲密，常以很快的速度奔向犬主，这种行为有时会弄脏衣服，令人困扰。有客人来访时，犬奔扑上去，会令客人害怕。矫正的方法

是，对奔扑上来的犬，一边说“不行”，一边用手碰犬的鼻子，反复训练几次以后，犬就会因得到训练而不再奔扑。

(4)用餐的训练。给犬喂食，必须固定在一个地方、一定时间内并用固定餐具供给，要让犬学会在犬主许可后才能吃食物。先将装有食品的餐具放在犬的面前，按住它的身体坐下，若犬不听口令而立即要吃，就得马上拿起餐具，一直等到它采取稍息的姿势，然后让它开始吃食。

(5)口令的训练。①口令“坐下”。把手放在犬腰上向下压，边压边说“坐下，坐下”，待犬坐好后，与犬拉开一定距离，发出“坐下”的命令，同时伸手呈水平放下，反复数次，犬熟练此动作后，只要用手势示意，不必发出口令即可奏效。

②口令“伸手”、“好”。刚开始，说声“伸手”，然后以一只手拿起它的左前脚或一只手拿起它的右前脚，一边说：“好，好”，一边用另一只手抚摸犬的喉咙或胸部，还可给它吃点食物，这样会学得更快。

③口令“咬住”、“拿来”。这种训练需要强制和威压。通常使用一根短棍，先命令它“咬住”，同时一只手捏犬的耳朵，另一只手则拿短棍让它用嘴咬住，必须反复不断地练习。训练它搬运的办法是让它坐下，把短棍放在离犬十几米远的地方，说一声“咬住”，当它咬住以后，又命令它“拿来”。假如中途棍子掉落，犬主必须走到掉落的地方，将短棍拿起，再让犬衔住过来，然后用手把东西接下，说“好，好”，并抚摸它的头部。动作熟练后，可训练它咬住东西走路。

④口令“稍息”、“不准动”。当犬学会“稍息”的姿势后，就可以带它到宁静的广场散步。先让犬坐下，然后发口令“不准动”，便可拿起带子的前端，缓慢地后退并绕犬的周围走。这时，如果犬改变姿势，便从头训练。犬学会做这个动作后，犬主就可以放开带子走到较远的地方，让它耐心地原地等待。

⑤口令“坐下”、“伏地”。首先让犬采取“坐下”的姿势，然后一面喊“伏地”口令，一面把犬两只前脚往前面拉，并轻按犬背，使它胸部着地，反复做这个动作，即可学会。

四、犬的家庭美容及养护

(一)宠物美容的起源

所谓的宠物犬美容，不是一般人想的，就是给狗狗洗个澡、剪个趾甲这样简单的事情，而是要借一定的美容工具和精湛的修剪技法为狗狗们掩饰缺点、突出优点的一种技术手法。根据笔者的了解，宠物犬美容起源于18世纪的欧洲皇室，当时担任猎鸟犬工作的贵宾犬，必须在树林里和灌木丛中穿梭，而它一身浓密的卷毛很容易被树枝勾住，很不方便，贵族们为了改善这些困扰，特地将它的一身卷毛剪短，后来渐渐地就演变出各种有趣的造型来，这应该就是宠物犬美容的起源。从现代来说，犬的美容应分成比赛美容和居家美容两大类。

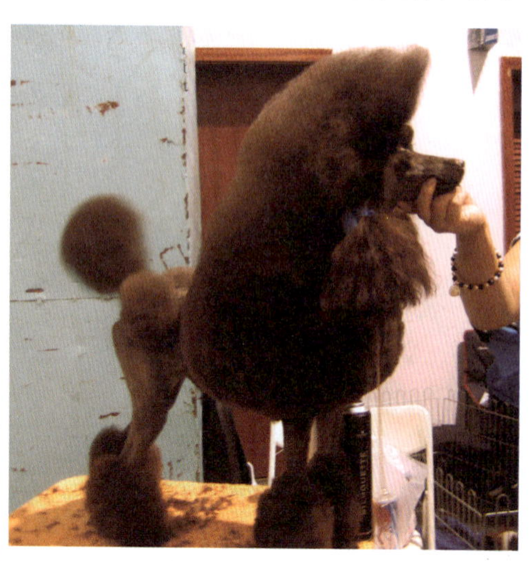

比赛美容是指犬在犬种比赛中，按国际公认的针对其外观造型所制定的标准美容，也就是我们常说的赛妆。

例如：贵宾犬的幼犬有幼犬的被毛造型，成犬有成犬的造型；雪纳瑞的披毛不可用电剪剃，只能用专业拔毛刀拔除，耳朵必须是立耳；苏格兰牧羊犬不能修剪胡子等等。这些都是特有犬种所必须维持的标准造型，也就是说，每个品种的犬都有属于自己的造型，赛犬的养护要花费许多的心血和耐心，才能有它在赛场内光鲜亮丽的一面，这绝对不是一件容易的事情。

所谓居家美容就是我们常说的家庭宠物犬美容。因为我们都知道一只被毛长可及地的马尔济斯犬和一只头冠长达30~50厘米的贵宾犬，虽然赏心悦目，但它那一身华丽被毛的养护并不是一般人可做到的，所以笔者认为，一般家庭中，可根据个人的喜好来为自己的爱犬修剪各种简单、干净、容易打理的造型。

(二)家庭美容的必备工具及用品

家庭美容的工具及用品有剪刀、电剪、梳子、吸水毛巾和电吹风以及宠物专用洗护用品等。

(1)**剪刀**。剪刀有直剪、弯剪、指甲剪等一系列，在家庭美容中我们准备的剪刀为：6~8寸直剪1把，6寸牙剪1把，指甲剪1把。

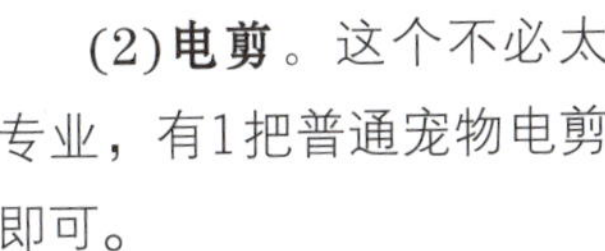

(2)**电剪**。这个不必太专业，有1把普通宠物电剪即可。

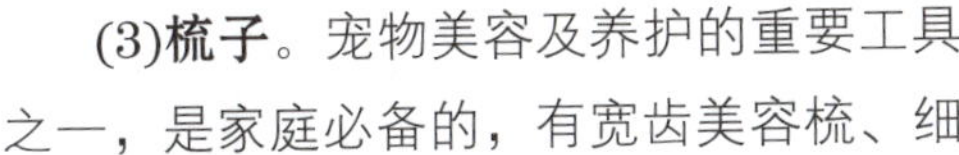

(3)**梳子**。宠物美容及养护的重要工具之一，是家庭必备的，有宽齿美容梳、细齿美容梳、大号针梳、小号针梳、梳毛手套(可由家庭饲养的犬种来定)、除毛球刀梳(也称开结刀)。

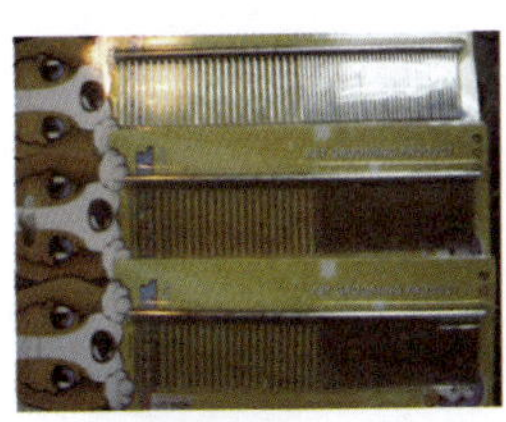

(4)**电吹风**。宠物专用1500~2000瓦冷热风型电吹风1把。

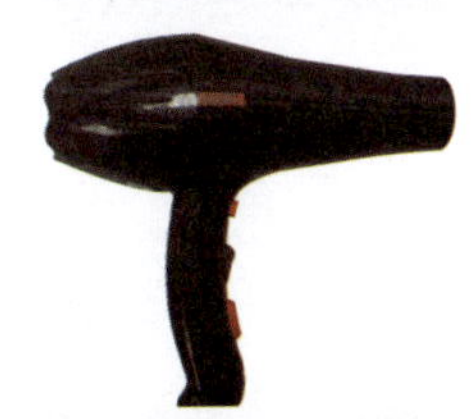

(5)**吸水毛巾**。仿麂皮宠物专用吸水毛巾1~2条。

(6)**洗毛液**。可以选择适合自家狗狗洗澡用的香波即可。

(7)**止血粉**。推荐使用德国产的宠物犬专用止血粉。

(三)犬的基本梳洗

犬的毛发基本可以分成5个类型：长毛型、丝质型、不掉毛的卷曲型、短毛型及刚毛型，另外还有一个“特殊型”。每一个类型的毛发都有其特殊的梳洗方法，但基本的毛发生长及养护原则相同。

需要经常梳洗的毛型为卷曲型、刚硬型及长毛型，梳洗的主要目的是为了去除死毛、清理皮肤及正在生长的毛发。

犬在换毛时，要天天梳毛，如在梳毛中发现皮屑过多则要给它洗澡。换毛期间的梳洗。一般犬只在春天及秋天换毛，周期一般为6周左右，新的毛发在3~4个月内长成，贵宾犬不会掉毛（即换毛）。

(四)犬梳毛的基本步骤

首先用宽齿梳子解开毛发及毛团。

下颚、尾部及耳朵后的毛发由细齿梳完成梳理。如有打结的地方用除毛球刀梳削剪毛发。接着用剪刀或电剪剪短肛门及生殖器四周毛发。然后清洗犬只全身。清洗完后再用梳子梳理全身毛发。

(五)各种毛型犬的梳毛要点

1. 长毛型犬

长毛型犬有双层被毛，一般以牧羊犬居多，如大家熟悉的苏格兰牧羊犬、喜乐蒂牧羊犬、边境牧羊犬、古代英国牧羊犬等都是长毛型犬，这些犬种一般每周需梳毛1~2次，换毛时期则必须每天都梳毛来去除死毛。

2. 丝质型犬

如约克夏梗、马尔济斯犬、北京犬等，此类犬需要每天进行毛发梳理，稍一疏忽毛发就会打结，其中约克夏梗和马尔济斯犬如无比赛需要，则最好每年修剪4~5次以防毛发打结。

3. 不掉毛的卷曲型犬

如贵宾犬、比熊犬等，此类犬的毛发不会掉，毛发会不停地生长，每周需要彻底梳毛两次，2周则洗澡1次，6~8周修剪1次，因不掉毛则要小心拔除耳道内的二级短毛，以防爱犬耳朵发炎、发臭。

4. 短毛型犬

如拉布拉多猎犬、杜宾犬、英国斗牛犬等，此类犬最易梳毛，一般多使用手套梳理，且不用经常洗澡，可用热毛巾擦拭全身即可。

5. 刚毛型犬

大部分的梗类犬都是这种类型，如大家熟悉的雪纳瑞、西部高地白梗等，此类型的犬种要经常梳毛以防打结，披毛每隔几月要拉扯梳掉，如家庭饲养则可以每隔6周左右用电剪剃毛。

6. 特殊型犬

如中国冠毛犬。一般家庭都不饲养，在此就不做重点介绍了。

(六)梳洗器具及使用技巧

犬在家里都应有自己专用的梳洗工具，这里不重复介绍了。

使用技巧介绍如下几点：

可先用宽齿梳完全深入毛层梳毛，以打开粗结。

可用细齿梳将底毛分开移除死毛。用细齿梳时不能用力拉扯，避免伤到犬的皮肤。

毛发打结梳不动时可用刀梳分开，并

用手逐渐解开。

针梳上有弯曲的金属齿，它可以有效地移除死毛。

（七）洗澡

夏天时，爱犬可以比冬天多洗几个澡，一般一周1次即可，部分梗类犬容易累积皮屑可适当多洗1次，洗澡前要先梳毛，以免下水后打结。洗澡应用犬类专用洗毛液，绝不能用一般家庭人用洗护用品，以免伤害到犬只皮肤。洗澡时要注意以下几点：

犬在洗澡时可先打湿它的背、腰及四肢。

打湿后将洗毛液均匀涂在其背、腰及四肢上，搓洗后再打湿头部，注意不要将洗毛液弄到犬的眼睛里，还要注意的是犬在头部淋湿后通常会甩头抖动身体。

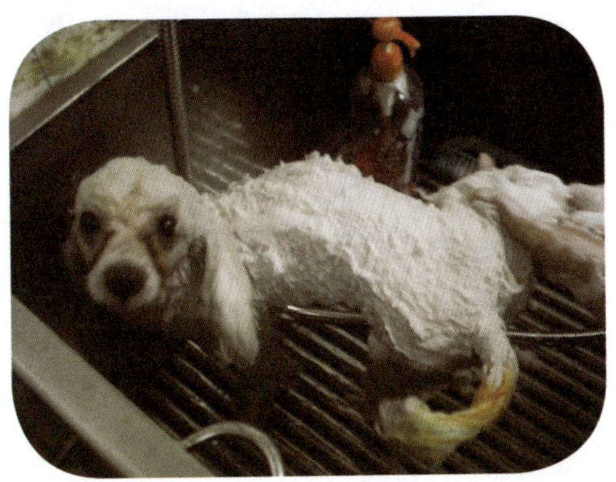

搓洗后先用温水冲洗犬的头部，再冲洗背、腰及四肢，挤出多余水分，用吸水毛巾吸干。

要用吹风机来回吹，慢慢吹干，注意吹风机应调至低温高风，避免损伤犬的毛发。在吹干过程中应使用针梳层层梳理，遇到腋下、关节等部位，应先把皮肤拉直绷紧，再用针梳去梳理，以免犬疼痛。具体操作应该是从背部、腰部大面积用针梳逆毛梳理，四肢也应逆毛梳理。尾部、颈下及耳后应小心地顺毛梳理，一定要有耐心，吹得漂亮，吹干后毛发会根根分明且非常蓬松。

（八）剪趾甲

如果趾甲太长，犬走路会很不方便，所以要适当地修剪，为了避免让犬觉得疼痛，剪趾甲的动作要尽量的利落，可以先将犬的足垫放在手上用拇指和食指抓住脚趾，让脚趾张开，握住趾爪的根部，以缓和剪趾甲时的震动，看准趾甲中的血线应在离血线前1毫米处下剪，动作要快，如不小心剪趾甲时受伤流血不要惊慌，应使用止血粉，为犬止血。

（九）耳朵的保养

犬的耳朵是非常敏感的部位，保养耳朵时一定要稳住犬，以免发生意外。掏耳朵时先从内侧用手指抵住犬的下颚凹陷部位，然后用手包住犬的脸，稳住犬，用拇指将它的耳朵摊开，耳朵里面的毛要拔除，可使用耳毛粉和钳子，使用钳子时下手一定要稳，要小心别夹到耳壁。

（十）家庭宠物犬的美容修剪方法

在饲养犬的过程中，相信每个人都有亲手为自己的爱犬美容和修剪的经历，但不一定正确。下面介绍几种简单易学的修剪方法。

1. 贵宾犬的造型

说到贵宾犬的造型，那一身长毛，从18世纪以来，不知迷住了多少爱它的人。尤其是美容师，个个都会为它颠狂。因为美容和整理的工作量巨大，在专业犬赛里，它总是被安排在最后一个出场。

贵宾犬在世界上500多种犬里，号称“百变之王”。其造型千变万化，花样繁多，诸如欧洲幼狮型、英国马鞍式、欧洲狮型、芭比装、运动装、斯堪的纳维亚式、英国撒得尔妆、迈阿密式、春天式剪法、克罗斯贝尔剪法、帕杰玛达妆、曼哈顿式、玛丽莲剪法、贵族式、波洛隆剪法、罗亚雨奇妆、黛安娜剪法……让贵宾犬成为可以常变常新的“万花筒”狗狗。

我们先来说一说贵宾犬最简单实用的运动装的修剪方法。工具为美容梳、电剪、直剪、牙剪。具体操作如下。

(1)脚部修剪。用15号刀头，顺序为：后脚前部，后脚后部；前脚前部，前脚后部。

①将电剪指着腿的方向，从趾甲开始剪去顶部及两侧的毛，修剪至脚的末端为止，不要高于脚腿相接处，不能露出踝关节。

②用手分开脚趾，修剪脚趾间的毛发，不要划伤皮肤。

③修脚底部，用拇指将脚垫分开，从趾间到肉垫，以一进一出的动作像勺子舀东西一样进行修剪。

④脚修剪完后，趾甲上不应该有任何碎毛，脚底部平滑。

⑤脚部一旦被剃伤或犬皮肤过敏，立刻使用犬类止痒洗剂或喷雾剂，以减少皮肤的刺痛感。

(2)**面部修剪**。用15号刀头，因脸部皮肤敏感，谨防刀头过热，灼伤皮肤。

①首先在眼角处修一条平直线，从耳朵前面开始到外眼角，剪去耳前部所有的毛发。

②用手握住犬头盖部，用拇指绷紧眼角处的皮肤，小心剪去眼睛下面的毛发，但不要碰及眼睛上部的毛发，以免破坏完整的头饰。

③继续剪去脸颊及脸两侧的毛发。

④为避免剪伤下唇的嘴角，用拇指将那里的皱褶展平进行修剪。

⑤把犬的下全颌部压紧，剪去从唇到鼻子处的残留毛发，注意防止舌头伸出碰伤。

⑥让犬的头靠在手腕上(同时你的手绕到犬头后)，完成脸的另一侧修剪。

⑦两侧脸都修剪完后，在两眼之间剪一个倒“V”字形。

⑧抬起犬的头，从喉节下方开始剪到双耳的前部，修剪过的部位呈“V”字形或“U”字形的项链状。

(3)**尾巴修剪**。用15号刀头，小心肛门周围。

①从犬背后，一手抓住犬的尾巴，修剪尾根至与身体的结合点为止。

②修剪另一侧尾根，使修剪的部位呈倒“V”字形。

③尾部修剪1/4毛发，留下3/4修剪成毛团，使形状看上去自然。

④用弯剪从毛团底部开始，完成圆形修剪。

⑤根据尾巴的长短，调整毛团的位置。

(4)**头饰修剪**。比赛犬的头饰需留长，不可剪短。宠物犬头饰做圆形修剪，要丰满有立体感。

①用弯剪从左侧开始，另一个只手握住犬的嘴巴以固定头部。

②剪去从眼角到耳朵修剪线以下所有多余的毛发。

③将剪刀平靠在犬头部的一侧，垂直向上修剪头饰的侧面，剪去突出颧骨的毛发。

④展开犬的耳廓部分，修剪耳孔周围所有的毛发。

⑤按照从头盖骨底部的自然弯度修剪头的后部。

⑥修剪两眼之间的前头饰，需注意把剪子靠在犬鼻子上进行修剪，修剪部分不能低于眼线。

⑦用同⑥方法修剪另一侧。

⑧修剪头饰顶部的毛发，在头饰中部留相对多的毛发，而两侧要窄一些。

⑨头饰的丰满取决于犬被毛的质地及个人爱好。

(5)**袖口修剪**。腿部底端的线条是一个水平的圆形，称之为袖口。

①为了做成一个圆形的袖口，用梳子将脚踝处的毛垂直向下梳。

②拿起剪刀放在水平位置上，沿脚踝完全剪掉修剪线以下足部以上的毛。

③把被毛向外梳理，用弯剪修出可爱的圆形效果。

(6)**腿部修剪**。

①前腿修剪成圆柱状，注意将前腿内侧的毛发修剪干净，与下腹的毛自然衔接。

②后腿应保持适当的弯曲度，依照身体的自然曲线，膝关节要修出棱角，后脚飞节处修出45° 转折。

③腿部要修剪成平滑的曲线，以达到平衡的状态。

(7)**躯干修剪**。

①从尾部到臀部以自然弯曲度修剪毛发，长度适中。

②从后背部延伸到头部，毛发逐渐增长，中间不能有明显的中断，直到外观平滑美观。

③侧腹部依照身体的曲线自然修剪。

④前胸毛不可留下太多，以免感觉身体过长。

⑤颈部的毛与前胸的毛自然衔接。

⑥耳朵边缘修饰美观。

2. 比熊犬的修剪(也适合贵宾犬)

工具有直剪、牙剪、弯剪、美容梳，具体操作如下。

(1)**修剪特点**。比熊犬的毛发厚密、柔软、呈螺旋状卷曲，要保持该犬整齐漂亮的外观，需要一周洗1次澡，每一个月进行1次修剪。

洗澡前一定要除去毛发上大的缠结，使用适合的洗白洗毛液，一定要用优质的毛发调节剂，可以加点护毛素，以防止毛发过度干燥。

洗澡时要用两次洗毛液才能彻底洗干净，所以要彻底冲洗。

用吸水毛巾擦拭，边吹风边梳理，从四肢开始，一步一步地梳理，每次仅一小部分，按四肢、躯体、头部、耳部的顺序梳理烘干毛发，要把自然卷曲的毛发梳理成纹理柔和蓬松直立的形状。

(2)**尾部毛发修剪**。修剪肛门下和肛门周围的毛发，尾部的毛发要留长一点。修剪后腿时剪刀要始终与躯体平行，从犬的后部看时，犬腿类似一个边缘整齐的倒置的“U”字形。

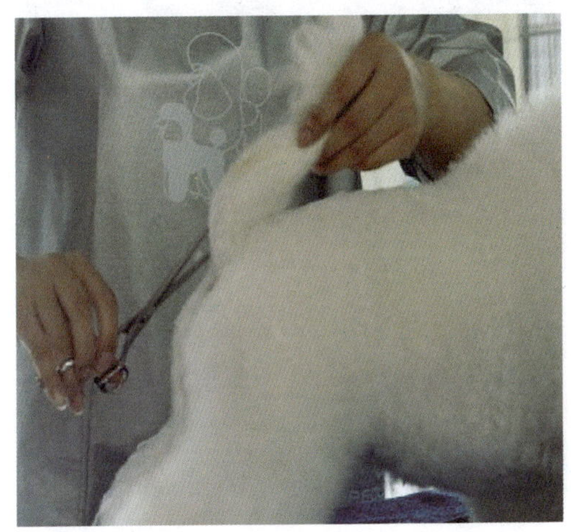

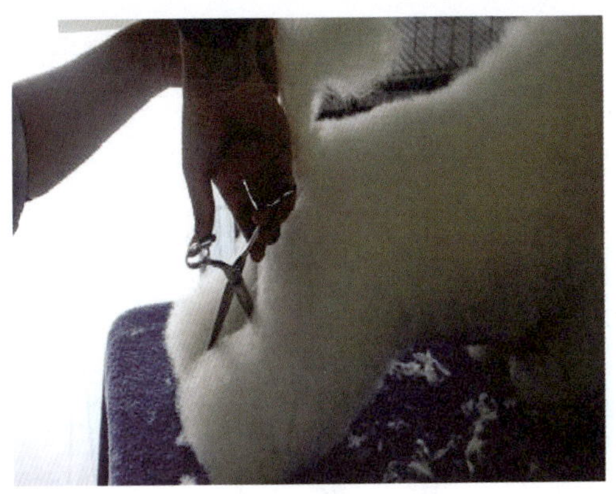

(3)**躯体毛发修剪**。修剪躯体的毛发，从两侧开始，向下移动至躯体下方。

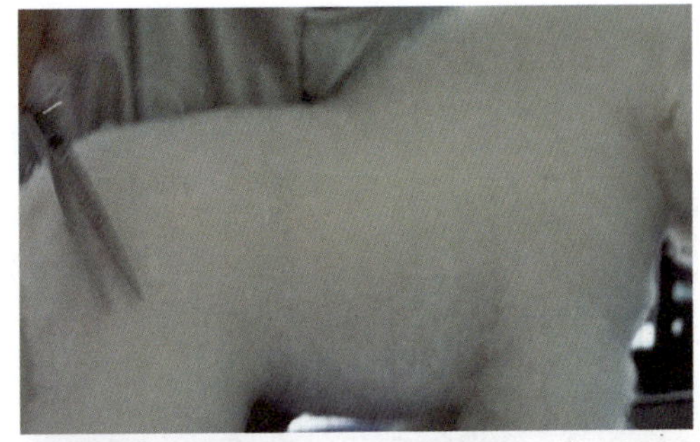

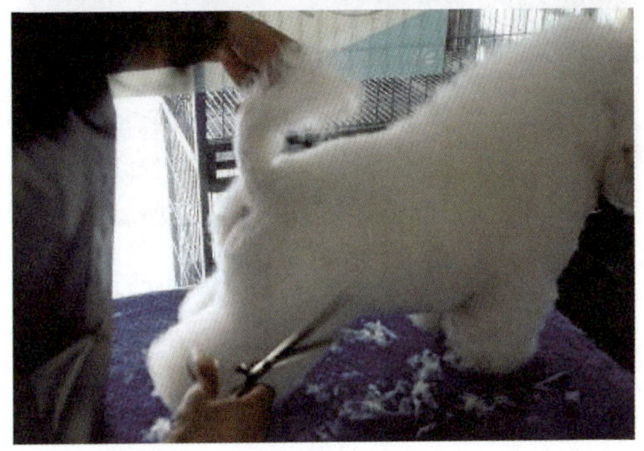

(4)**腿部毛发修剪**。修剪腿使其从前面观察是直的，但是从远处看是圆柱状，足部不能在此轮廓里，好像隐藏在腿部毛发的延长线里。

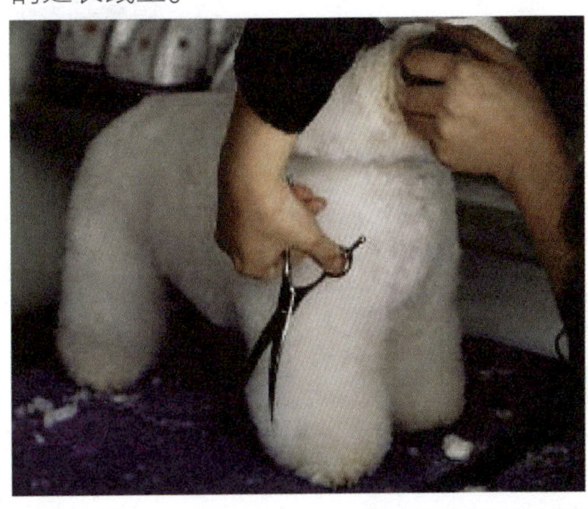

(5)**眼部周围修剪**。眼部周围的毛发剪干净，露出眼睛来。

(6)**头部修剪**。下颚与胡须连成一体的轮廓应该是直线，胡须与耳朵毛发一致，颈部与身体毛发一致。

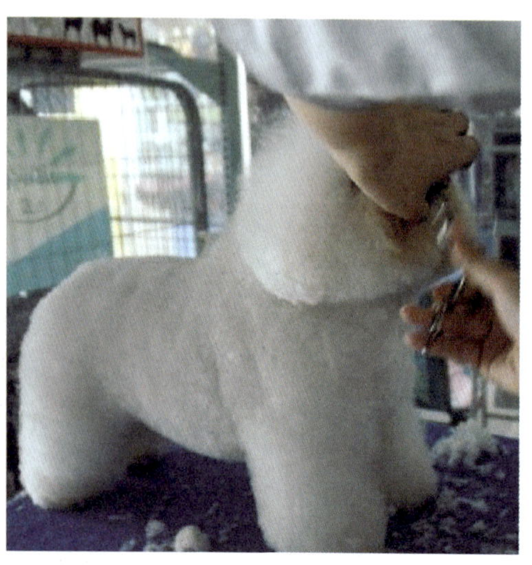

(7)**躯干修剪**。从肩背部到尾部的线应保持水平状态，颈部的毛发浓密，随着躯体的曲线修剪成圆滑的外观。

3. 雪纳瑞犬的修剪

工具有直剪、电剪、牙剪、美容梳，具体操作如下。

从脚垫向上
45° 修剪

(1)**电剪**。

①头部。从眉骨顺毛剃到枕骨，再从外眼角到口角逆毛剃一条斜线，再从外眼角到上耳根逆毛剃一条直线。

②下鄂。口角对口角逆毛剃一条直线，再从外耳根向下剃到喉节下成一“U”字形，或者从外耳根向下剃到上腕骨或胸骨。

③从肛门向上剃到尾尖，从肛门向下剃到睾丸或水门，再从睾丸或水门向下剃到膝关节对称的位置。形成一个大三角形。

④耳朵。左手四个手指把耳朵垫平，从耳根剃到耳尖(顺毛)内外剃干净。

⑤身体。从枕骨顺毛剃到尾根、尾尖，再从枕骨侧面顺毛生长方向剃到肘部，再从上腕骨、胸骨向下剃到胸底，剃到上腕骨末端，再从身体侧面顺毛生长方向剃到肘后。依次向后剃到腰和后腿连接处，以弧线剃到飞节上2~3指，从犬的后面看，大腿肌肉上方的毛剃掉，下方留毛。

(2)**直剪**。

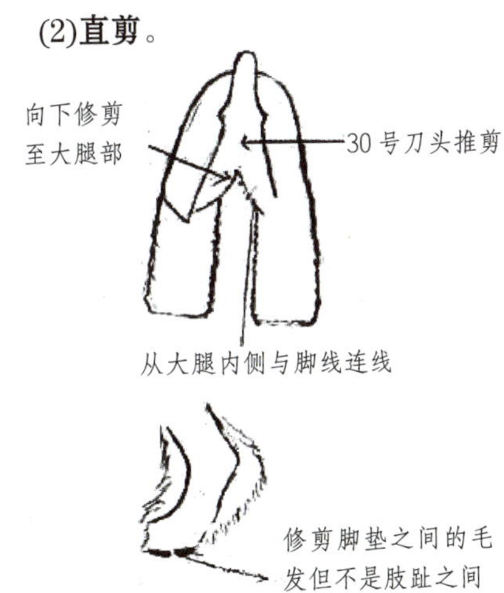

①两前肢修成圆柱状。

②把腹毛向下梳，以肘下1.5~2厘米修剪一条斜线，到腰和后腿连接处。以弧线连接后腿前方的斜线。

③两后肢前的毛连接腹线。

④飞节角度。

⑤修脚圈。

⑥耳朵边缘修整齐。

⑦修眉毛。

(3)**牙剪**。将电剪所剃过的位置做衔接

把眉毛上方长短不齐的毛修剪干净，再在额段位置做菱形。从鼻梁中间向一个内眼角修剪一条斜线，再从一个内眼角上方向另一个眉毛方向修剪斜线，两侧相对称呈菱形，把菱形中间的毛剪干净。

4. 可卡犬的修剪

工具有直剪、牙剪、电剪、美容梳，具体操作如下。

清洗前先清理耳部和趾甲，并剃脚底毛(刀头：40号)和腹毛(刀头：10号)。因为毛量大，所以可卡犬洗澡时用水浸泡比淋浴效果好。下面介绍沐浴方法。

(1)洗澡。

①将宠物浴液挤出少许用水稀释，水温控制在35~38℃。

②用拇指与食指轻挤肛门腺，起到清洁肛门腺的作用。

③淋浴时，应先冲湿前躯，从前往后冲洗。然后用稀释浴液涂抹头部及全身，沿头部向背部、腹部和四肢轻轻揉搓，切勿让浴液流进眼里。

④揉搓过后，用水将全身清洗并为其抹点护毛素，再彻底冲洗干净。

(2)吹风。

①根据犬体形的大小选择合适的毛巾或者浴巾包住身体，将水分擦干。

②然后用吹风机将剩余水分吹干，从头部开始，一边用毛刷，一点一点梳直每一个部位，一边用吹风机吹梳理过的部位，直至毛根部完全吹干为止。

③将全身吹干后，用直排梳将全身毛发完整梳理一遍，防止打结现象。

(3)**剪毛修理**。

①头部。耳根到外眼角、下颚及鼻梁的毛用电剪剃掉。前胸剃到胸骨窝上端。如果口吻部较长的犬，不易剃得弯进去。电剪剃掉的部位要剃干净。为了突出可卡正四方的口吻部，增强美观度，上唇一般不剃。

②脸部。头顶修成圆型，口吻部正对美容师，毛长到两眼间，用牙剪把脸部的毛修薄，上唇的宽度与头两侧一样（用牙剪修理）。眼睛上方的毛不能向前。头顶修成水平的，两侧是平的，然后把角修掉，直剪到呈方圆形状即可。为更突出它的眼睛，可卡犬的睫毛要剪得短。

③耳朵。耳朵剃到与嘴唇平行的位置，确定好位置后，先顺毛剃再逆毛剃，耳朵里面同外面位置一样。注意可卡犬有复耳，剃时要特别小心。 为突出可卡犬的头盖骨，在两耳根部与枕骨之间的位置把毛剃掉，毛比身上要短，宽与耳根同宽。

④前胸。腕骨与胸骨处从两边凹进处，两侧用牙剪打薄修一次，达到能分出前肢为止。

⑤腰腹部。可卡犬的腰线不明显，也不用做刻意的修整，只简单看清身体结构即可。

⑥背部。电剪以顺毛方向剃毛，从肩胛骨到髋骨，根据不同体形可以调节。一直剃到肛门位置，尾巴上的毛全部剃掉较好。

⑦脚部线条。先用手把腿上所有的毛顺毛抓住，然后拿起，外面最长的毛和里边最短的毛修成圆型。毛多时，先把外边的毛拉起，再把里边的毛修圆。

⑧脚底部。同卷毛比熊犬。

⑨体侧毛的修剪。用牙剪做修饰，在肩胛骨下到前肘部，腰部用牙剪修饰，从里侧进去剪，每次剪刀只剪1~2下，次数不能多，剪到似乎看得到似乎看不到为止。修饰后要有让人清楚身体结构的效果，即要有明显的轮廓。然后再用牙剪修剪身体各部位连接处，避免有电剪修饰后的明显线条。

⑩最后对身上的毛整体略加修饰。

五、犬的常见病的防治

(一)犬的常见疾病的预防

在犬的饲养过程中，难免会发生各种各样的疾病，这是犬主所不愿遭遇的。因此要求我们在日常的饲养过程中要加以关心和预防。一条健康活泼的爱犬，不仅仅是简单地给它吃饱喝足、洗澡遛达，还应该包括定期免疫、驱虫、给予营养全面的口粮、建立良好的生活习惯、定期的健康检查等。

1. 犬的传染病的预防

犬的传染病与其他动物的传染病一样，主要有病毒、细菌、真菌传播感染的一类疾病。这类疾病可以严重影响宠物的身体健康，有些病种死亡率较高，而且许多疾病可以同时传播给人类，令宠物饲养者闹心。就目前而言，对犬威胁较大的传染病主要有犬瘟热、犬细小病毒病、犬副流感、犬传染性肝炎、狂犬病、犬冠状病毒病等，其中只有狂犬病是人畜共患病。为了防止传染病的发生，应做好以下几方面的工作。

(1)**疫苗的免疫接种**。注射疫苗的目的是为了在犬体内产生相应的抗体，并能使抗体效率达到一定的保护水平。注射过疫苗后，随着时间的推移，抗体水平会逐渐自然下降，当下降到保护水平以下时，仍有感染发病的危险。因此，一般要求出生一年内的小犬最好注射3次疫苗。成年以后每年注射2次疫苗。

(2)**做好消毒工作**。多种病原可以通过直接接触或空气、食物的间接接触传播，有时虽然没有与病犬直接接触，但仍可以通过外出遛犬、物品及主人的衣物等传染。病原数量少时，爱犬可以通过自身的免疫功能加以消灭，一旦病原数量增加或爱犬抵抗力下降时，仍有可能发病。因此，在日常宠物饲养中，要注重消毒。家庭消毒可以选用太阳晒、沸水煮和消毒液杀菌等简易方法，重点是对爱犬的食具和睡觉场所进行消毒。

(3)**注重犬的行为变化**。任何传染病的发生都有先兆，通常以发热、食欲下降、精神萎靡、鼻镜发干等为特征，有的伴有呕吐、腹泻或呼吸困难。一旦出现上述症状，一定要及时去宠物医院诊治，以免延误病情。如果是传染病，越早治疗效果越好；如果不是传染病，也会因犬抵

抗力的下降，诱导传染病的发生。

(4)**定期体检**。健康检查是保障宠物健康的措施之一，是所有宠物疾病预防的重要手段。每年要进行1~2次的健康检查，主要是对相关病种的抗体、抗原或相关理化指标的检测，检验免疫效果，同时对非免疫疾病的防范提供参考依据。

2. 犬的寄生虫病的预防

犬的常见寄生虫病主要有三大类：一是皮肤寄生虫病，主要病原有螨虫、跳蚤、虱、草蜱；二是胃肠道寄生虫病，主要病原有蛔虫、绦虫、钩虫、球虫；三是血液寄生虫病，主要病原有弓形虫、心丝虫、焦虫。由于寄生虫病的传播途径与传染病有较大的差别，预防时主要通过下列方法。

(1)**定期驱虫**。除血液寄生虫病外，其他寄生虫病一般对爱犬没有生命威胁，但会影响生长发育、体质健康，还会引起人的感染。因此，在饲养过程中要定期驱

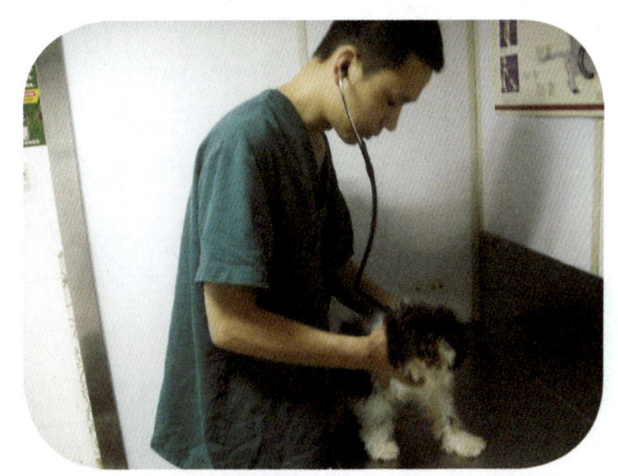

虫。对胃肠道寄生虫可采用口服驱虫药，在医生的指导下使用，幼犬第一次驱虫一般于出生后的30天左右，以后间隔2~3个月重复驱虫；对皮肤寄生虫的预防，主要采用皮肤透皮剂，以千克体重严格按剂量使用，使用一次预防效果可达1~2个月。

(2)**消灭或阻断传播媒介**。许多血液寄生虫病多由专门的媒介传播，如犬心丝虫病主要由中间宿主蚊子叮咬传播；焦虫病主要由草蜱叮咬传播；弓形虫必须在猫小肠内形成卵囊，卵囊随猫大便排出体外，犬舔食了猫的粪便或被猫粪便污染了的食物，就会感染卵囊而发生弓形虫病。因此，要预防这类寄生虫病，首先必须消灭这些传播媒介或避免到草蜱、蚊子较多的地方活动，以免叮咬染病；同时最好不要与猫同养，绝不能与放养猫混养，防止弓形虫和跳蚤、虱子的感染。

(3)**及时清理排泄物**。许多胃肠寄生虫

的感染与不洁的粪便有关，感染了胃肠寄生虫的犬、猫粪便中常有大量的虫卵或虫体，这些粪便是健康犬感染的主要来源。因此，一定要及时清除犬、猫的大便，彻底消毁或对周围环境中的犬、猫大便进行无害化处理，防止遛犬过程中舔食感染。

(4)皮肤寄生虫的清除。皮肤寄生虫的虫体易脱落犬体而隐藏于生活环境当中，尤其多隐蔽于阴暗处，难以清除，成为犬皮肤病久治难愈或多次复发的原因。因此，对皮肤寄生虫的防治，绝不能忽视对家庭环境的处理。皮肤寄生虫多属于节肢类昆虫，一般的消毒液难以将它杀死，常用的方法有太阳暴晒、煮沸杀灭，对不值钱物品作丢弃处理。而在这些方法效果不佳的情况下，可应用市场上出售的专门驱杀蚊子、蟑螂的杀虫喷雾剂，在封闭环境的条件下，加量喷雾、熏蒸消毒，密封熏蒸3~4小时后打开门窗，待无气味后方可进入。

3. 犬的营养代谢性疾病的预防

一只健康的犬，不仅要吃饱，更要吃“好”。这里的“好”，并不是指日常所说的高能量、高蛋白、高脂肪，而是指营养的全面，包括日常所需的维生素、矿物质和微量元素。因此，最好养成吃商品犬粮的习惯。因为，任何一种品牌的犬粮，是根据不同生长阶段、不同体形大小的需求配制而成的，它可以满足犬在正常情况下的基本需要。如果长期给予单调、营养缺乏的食物，容易引起犬的营养性疾病。

(1)佝偻病的预防。犬出生后的3~6月龄，是生长发育最快的阶段，骨骼的发育需要大量的钙盐物质，尤其是大型犬类。一旦钙盐补给不足或发生吸收、沉积障碍，均可导致骨骼发生畸形，严重时出现佝偻病。为了防止该病的发生，应对中、大型犬在3月龄开始，补充钙制剂和维生素D，并充分晒太阳及做适当的运动。维生素D有助于钙的吸收和在骨骼中的沉积。

(2)**肥胖病和糖尿病的预防**。犬进入中老年龄后，运动量逐渐减少，机体所需的营养较中青年期有明显下降。这时日粮若不作适当调整，容易引起营养过剩引发肥胖症，特别是摄入大量的高能量、高脂肪食物可加重胰腺负担，从而诱发糖尿病。为了防止肥胖症的发生，应适当限制饮食，饲喂高蛋白、低能量、低脂肪食物，避免饲喂幼犬犬粮，并加大运动量。临床上出现多饮、多尿、多食、体重减轻(三多一少)的现象，应立即去动物医院诊断是否有糖尿病发生，并进行相应治疗。

(3)**营养缺乏性皮肤病的预防**。长期因饲料结构单一，消化吸收障碍可导致犬的机体维生素或微量元素缺乏而引起皮肤病变和被毛脱落，严重时出现吃大便、咬尾巴劣习。一般多因长期饲喂高脂肪、高蛋白质食物，导致维生素C、维生素B_{12}以及钙、硒的缺乏所致。因此，除了给予营养全面的日粮外，要定期补充微量元素、复合维生素B和矿物质，或适时给予胡萝卜、蔬菜等植物性饲料。

(二)犬的常见临床病症及处置

1. 消化系统常见病症及其处置

临床上最常见的消化系统病症主要有呕吐、腹泻、便秘或同时伴有出血。食欲下降或厌食不仅仅是消化系统疾病所特有的症状，也是全身性疾病的一个表现，在此不作介绍。

(1)**呕吐**。犬是呕吐中枢比较敏感的一种动物，在某种意义上来说，这是一种保护性机制。一旦有不洁食物或毒物进入胃内，可以通过呕吐行为加以排出。因此，偶尔出现呕吐反应，不必惊慌。但出现连续性、剧烈呕吐，属于过度呕吐，会导致体内营养成分大量损失、电解质平衡破坏而得病。

呕吐是一种症状，不是单一的疾病，许多外在因素或内在疾病均可以引起犬的呕吐。主要外在因素有：食物中毒、吃入异物、饮食过冷或过热、晕车、中暑等；内在疾病主要有：犬细小病毒病、犬冠状病毒病、犬瘟热、急性胰腺炎、胃肠梗阻、子宫蓄脓综合征、肝炎、肾炎等。

犬出现呕吐症状，不要急于用药物止吐，如果是食物中毒引起，呕吐反而是保

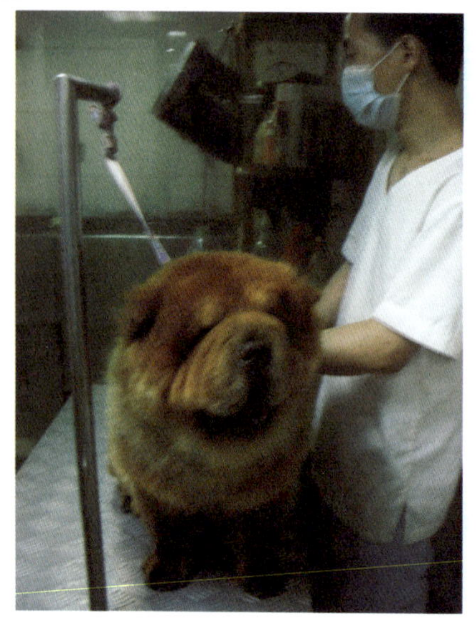

护性行为利于毒物排出，如果是其他原因引起的，则应马上到动物医院进行诊断，确诊病因后再进行相应治疗。不能一出现呕吐就自行止吐，这非但达不到真正的止吐目的，反而耽误病情。

如果由于剧烈呕吐可能导致生命危险时，在去动物医院前可采取暂时性止吐措施，如胃复安、阿托品或山莨菪碱等，最好注射给药，因为口服会刺激胃黏膜引发更严重的呕吐。另外，出于同样原因，不要给予任何水和食物，防止进一步呕吐，如果是毒物引起的呕吐，饮水和食物会加速毒物的吸收。

(2)**腹泻**。犬的大便在正常情况下应该成形。腹泻可以根据大便的形状分为浆糊状、稀糊状和水状，大便的含水量越高，腹泻程度越严重。同时可根据大便混合物的性质区分，如大便烂、不成形粉渣、黏性不强，多为过食引起的消化性腹泻；大便稀烂或水泻，伴有鼻涕样黏液或黏膜，多为急性肠炎；腹泻物呈黑色或棕红色、番茄酱色，则为出血性胃肠炎，黑色多为胃或小肠前段出血，鲜红或番茄酱色多为小肠后端或大肠出血。腹泻同样会导致体内营养成分和水的大量损失、电解质平衡破坏，严重而持续腹泻可导致脱水。

腹泻也是一种临床症状，而不是单一的疾病，与呕吐一样也由许多外在因素或内在疾病引起。主要外在因素有：食物中毒或不洁的食物、饮食过冷等；内在疾病主要有：肠炎、犬细小病毒病、犬冠状病毒病、犬瘟热、球虫病、蛔虫病、钩虫病、绦虫病等。

过食引起的腹泻，可以用助消化药物

进行防治，如食母生、益生菌等；对普通肠炎引发的腹泻可先用阿托品或山莨菪碱止泻，用庆大霉素、氟哌酸等抗菌药物抗菌，待腹泻停止后再用益生菌调理；腹泻不止、水泻和出血性腹泻，建议马上到动物医院求诊。

(3)**便秘**。便秘是指肠道内容物和粪团滞积于肠道的某一部位，多在直肠窒息部，不能通过正常排便动作将它排出。便秘时间过长，可使体内通过粪便排出的分解产物重新吸收，引起自身中毒。

引起便秘的原因主要是喂食过量骨头或不易消化的胶质物，在肠道内形成一种不易移动的灰浆块和粪块，不能通过肛门括约肌而嵌塞于肛门前头。其他疾病也可导致便秘，常见的有会阴疝、前列腺肥大、肛门疾病、直肠憩室、肿瘤等。

对于初次发生的便秘，可先用开塞露注入，软化大便后观察能否自行排出，仍不能排出的可用手指掏便，还是不能排除的应到动物医院诊断、治疗。

2. 呼吸系统常见病症及其处置

常见的呼吸系统病症主要有呼吸困难、咳嗽、流鼻涕和鼻镜发干，同时伴有体温的变化（时常升高）。但体温的变化不仅限于呼吸道病症，也是身体其他部位炎症过程的一种反应。

(1)**呼吸困难**。呼吸困难是犬的呼吸系统(气管、支气管和肺)发生病理变化后的一种临床反应，轻则呼吸次数增加、频率加快，再则腹式呼吸(腹壁起伏明显)，重则张口呼吸。呼吸困难最直接的原因是由于气管或支气管痉挛或肺部功能的丧失，导致机体缺氧，为了增加氧气吸入量所致，严重时可出现可视黏膜发绀，直至死亡。

早期多见于伤风感冒，亦常见于病毒(犬瘟病毒、副流感病毒)、细菌(肺炎双球菌、葡萄球菌、链球菌等)感染引起的肺炎。除此之外，吸入有害气体和过敏物质、免疫过敏、中暑等原因均可引起呼吸困难。

呼吸困难是复杂原因引起的病症，在家庭处置中应具体情况具体处置。一般性感冒引起的呼吸加快，可用抗感冒的药物，如阿莫西林、阿齐霉素，再服用一些清热化痰中成药冲剂；对于腹式呼吸或张口呼吸的犬，可暂时服用氨茶碱、复方甘草合剂或注射山莨菪碱，并尽快到动物医院求诊。

(2)**咳嗽**。咳嗽是呼吸道炎症的一种保护性反应，目的在于将呼吸道内的炎症产物或吸入的异物呕咳出来。但咳嗽过频、过强易把气管病变扩散到邻近的小支气管，使病情加重。另外，持久剧烈的咳嗽可影响休息，还易消耗体力，并可引起肺泡壁弹性组织的破坏，诱发肺气肿，严重时可导致呼吸道出血。根据病程分为：3周以内的咳嗽为急性咳嗽；持续时间超过3周，在8周以内的咳嗽称为亚急性咳嗽；持续时间超过8周，咳嗽可持续数年的为慢性咳嗽。

咳嗽是呼吸系统疾病的主要症状，如咳嗽无痰或痰量很少为干咳，常见于急性咽喉炎、支气管炎的初期；伴有咳痰称为湿性咳嗽，常见于慢性支气管炎、支气管扩张、肺炎、肺脓肿和空洞形肺结核等；急性骤然发生的咳嗽，多见于支气管内有异物。

咳嗽的形成和反复，常是许多复杂因素综合作用的结果，常见的细菌(结核杆菌、巴氏杆菌)、病毒(犬瘟热、副流感)、支原体等感染或吸入过敏性气体、摄入过敏性食物或因气候的突然变化、病犬情绪激动、紧张不安、怨怒等，都会促使咳嗽发作。其次，剧烈运动后也可诱发咳嗽，称为运动诱发性咳嗽。

单纯性咳嗽可用止咳药进行家庭处置，如小儿止咳糖浆、枇杷止咳露等；严重咳嗽或同时伴有发热等其他呼吸道症状的，为不耽误病情应去动物医院诊治。

(3)**流鼻涕**。流鼻涕是呼吸道炎症的特有症状，也是鼻部疾病常见症状之一。根据鼻涕的性状可分为：分泌物稀薄、透明似清水的水性鼻涕，多见于感冒或炎症的早期；分泌物黏稠、透明似清水样，但内含多量黏蛋白的黏液性鼻涕，多见于感冒或炎症的中后期；鼻涕呈黏液和脓液的混合物黏液脓性鼻涕，多见于感冒或炎症的恢复期。分泌物呈不同程度的恶臭、粪臭等黄绿色的分泌物为脓性鼻涕，多见于鼻

窦炎和严重细菌感染性疾病；分泌物带血的为血性鼻涕，鲜血色鼻液外流多见于鼻腔出血，咳嗽带血多见于咽喉出血，剧烈咳嗽后出血，多见于肺出血，流铁锈色鼻液多为肺炎。一侧鼻孔流鼻涕常为鼻腔疾病，气管、支气管、肺部炎症往往两侧同时流鼻涕。

水性鼻涕和黏液性鼻涕可按感冒方法进行家庭处置，脓性、出血性鼻涕则建议到动物医院诊治。但在此特别提醒，犬瘟热感染初期也常表现流鼻涕等感冒症状，如果是刚买来的幼犬或未免疫过的犬，应先进行犬瘟热检查，以免耽误病情。

(4)**鼻镜发干**。犬的鼻镜有特殊的分泌机能，正常情况应保持湿润、凉感(在睡眠时鼻镜有时干燥是正常的)。如发干、温热则是发热性疾病的症状，这在呼吸系统疾病中最为常见，鼻镜破裂则提示可能患了犬瘟热。

一旦发现犬鼻镜发干或温热，先进行体温测试，如体温尚属正常范围或微热，可先用家庭备用的清热感冒冲剂，连续饮服5~7天或配合服用常规抗菌药物；如体温明显升高，并出现其他全身症状(如食欲下降、精神萎顿)，就应及时到动物医院求诊治疗。

3. 泌尿生殖系统常见病症及其处置

临床上常见的泌尿系统病症主要有尿闭、无尿和血尿，生殖系统主要病症有阴门排出物异常。

(1)**尿闭**。尿闭以排尿困难为特征，轻者则尿液呈滴状、线状或淋漓断续排出；重者则无任何尿液排出。膀胱中有尿液积蓄，由于尿道不畅或完全阻塞所致，常伴有频频发生的排尿动作。常见于尿道结石、尿道炎、前列腺炎和膀胱麻痹等。

对于尿闭早期，可进行小腹部按摩，并轻轻按压腹壁排尿，同时给予口服抗菌素抗菌消炎，如未见好转应及时到动物医院进行诊断治疗，防止膀胱破裂，继发尿毒症。

(2)**无尿**。无尿是指膀胱中无尿液。常发生于腹部受到外力而致的膀胱破裂或肾衰竭后期濒死的预兆。前者肾脏有尿液形成，但膀胱破裂流入腹腔，后者由于肾坏死而无尿液形成。

如果爱犬超过24小时仍无小便，且无

任何排尿动作，则应立即到动物医院求诊，不能拖延，否则后果严重，会导致不可治愈而死。

(3)**血尿**。尿液呈红色，严格区分可以分为有红色沉淀的血尿和无沉淀物质的血红蛋白尿。前者多由于红细胞渗出至尿液中，呈鲜红或淡红色，常见于泌尿道炎症、结石、前列腺炎；后者为发生溶血性疾病，红细胞破坏、溶血所致，常见于焦虫病、附红细胞体病和洋葱中毒等。

无论是血尿还是血红蛋白尿，都是不可小觑的病症，如果同时伴有体温变化和贫血症状，应立即进行抢救治疗。为了及时进行化验诊断，应携带尿液去医院。为了防止血红蛋白尿的发生，建议平时不要到草蜱出没的地方活动，禁止给犬喂食洋葱类食物。

(4)**阴门排出物异常**。正常情况下阴门排出物较少，且清亮透明，如果阴门排出物增多，并带有脓性、恶臭的液体，则说明生殖道发生感染。常见于子宫蓄脓综合征、子宫炎、阴道炎、产后感染等。

对于无全身症状的病例，可进行外阴或阴道浅部清洗消毒或给予抗菌药物，以控制感染。如未见好转或同时伴有全身症状的应到动物医院进行化验诊断，实行针对性治疗。

4. 运动系统常见病症及其处置

(1)**跛行**。是指犬的四肢在行步过程中出现异常的一种状况。引起跛行的原因很复杂，四肢的疾病是引起跛行的主要原因。常见的四肢疾病有肢骨折、脚垫外伤、骨髓炎、关节脱位、关节扭伤和挫伤、关节炎、肌肉挫伤、风湿病、神经麻痹、严重指(趾)间脓皮症等，临床上还常发生指(趾)甲过度卷曲生长刺入枕垫而引起的跛行。此外，还应注意颈椎、腰椎(椎间盘病、椎体骨折和肿瘤病等)和腰荐部的疼痛性疾病，因为这些部位的疾病也可引起跛行。

发生跛行后，首先应对病指(趾)进行局部检查，有无外伤及异物刺入，触摸有无疼痛，指(趾)甲有无异常生长，观察腿有无长短和变形。

对外伤或异物刺入引起的，小心将异物取出，再用碘酒外涂消毒即可，过深的伤口应进行消毒处理，并给予抗菌素；指(趾)甲过度生长的，只要剪去指(趾)甲并用碘酒消毒就无大碍；切忌在创口恢复前洗澡，防止感染溃烂。对挫伤、扭伤的跛行，当天可给予冷敷，第二天后热敷或喷雾云南白药、外涂松节油，疼痛明显的可给予止痛药。对四肢变形的可给予补钙和维生素D，对关节炎可服用关节灵。其他严重原因引起的或不明原因引起的应及时去动物医院诊断治疗。

(2)**关节变形**。关节变形是指关节由于关节周围组织异常发育或关节脱位引起的外部形状发生变化的总称，尤以四肢关节最为多见，这也是引起跛行的主要病症之一。常见的病因有：扭伤引起的关节肿

胀、外力引起的关节脱位，过度摩擦引起的黏液囊炎。

扭伤引起的关节肿胀可先进行冷敷，如冰袋、冰冷水等，一天后改用热敷，同时配合喷雾云南白药或外涂松节油，疼痛明显的可给予止痛药。对外力引起的关节脱位、过度摩擦引起的黏液囊炎等，建议去动物医院进行手术治疗。

(3)**骨折**。骨折常因外力作用或受力不均衡所造成。根据程度不同分为三种情形：骨裂、骨折未错位、骨折并发生错位。根据软组织损伤程度，可以分为非开放性骨折和开放性骨折。

发生骨折可能后，应首先到动物医院进行拍片诊断，确定是否伤害骨头，并采取相应的固定和治疗措施。对于骨裂，程度不严重的可采取静养方式，不需外固定；程度严重的骨裂或骨折，均应根据实际情况采取外或内固定治疗。

(4)**后肢乏力**。是指后肢不能站立或虽能站立但行走乏力，四肢晃动站力不稳。常见于椎间盘突出、腰扭伤。后肢神经麻痹引起的常以一侧发病为主，很少出现两侧同时发病。椎间盘突出引起的后肢乏力，常见于胸腰部椎间盘突出，有明显品种特征，多见于短头颈的京巴、斗牛、巴哥等犬种，在饮食上且以食动物内脏、肌肉为主。腰扭伤一般有冲撞、摔倒、跳跃、坠落等病史，疼痛反应更敏感。

对初次出现后肢乏力的现象可采取强制休息、限制活动等措施，并给予止痛消炎药物，亦可在腰部喷雾云南白药喷雾剂。上述处置措施无效或直接引发的后肢瘫痪，应及时到动物医院诊治。

5. 皮肤常见病症及其处置

(1)**疹斑**。疹斑可以分为疹和斑，疹是皮肤发生病变最初的临床表现，从毛囊炎开始，发红，最初芝麻、绿豆大小，以后多个毛囊炎连片形成斑。斑点直径超过1厘米。除了病变部位皮肤发红外，还伴有局部瘙痒。

引起疹斑的原因很多，可以是外寄生虫跳蚤、虱子、蚊子、草蜱叮咬引起，也可以是皮肤寄生虫螨虫感染、皮肤真菌感染引起。一旦发现爱犬有局部抓挠，应进行检查，有没有跳蚤、虱子和草蜱等外寄生虫。如由外寄生虫引起的，可用宠物专用透皮剂进行预防性治疗，一次透皮效果可维持1～2个月；如未发现外寄生虫，应及时去动物医院检查是螨虫还是真菌感染，并进行针对性治疗。切忌在未确定病因的情况下盲目采用止痒药物，以免扩大病变范围，增加治愈难度。

(2)**脓疱**。皮肤上的小隆起，它充满脓汁并构成小的脓肿。常见于毛囊炎或粉刺发生后的葡萄球菌感染所致。

单纯性的脓疱，可用外消毒液涂擦，每天2次，连续几天可以收到效果。如果是由于螨虫、真菌性毛囊炎、继发感染葡萄球菌引起的，应主要治疗前者，单抗菌消炎只能治标不治本。

(3)**掉毛**。正常季节性换毛引起的掉毛，一般是全身性的少量掉毛，无特定部位。只要每天用梳子加以梳理，不会满地都是，但为了加快换毛速度，可以喂服皮肤营养剂。

局部性地大量掉毛或整块整块地掉毛，都是不正常的掉毛。常由于皮肤病变、毛囊损坏、毛发结构破坏所致。常见于螨虫、真菌引起的皮肤病，微量元素、维生素缺乏引起的营养性皮肤病，或是内分泌失调(甲状腺机能减退、性激素过多、肾上腺素分泌亢进等)因素引起。

螨虫、真菌引起的皮肤掉毛，常在局部有红色疹斑，皮屑、鳞屑多，并有特殊恶臭味；内分泌失调引起的掉毛，常为脊背两侧，对称性脱毛，这类掉毛应及时去动物医院治疗。微量元素、维生素缺乏引起的营养性掉毛，可以服用皮肤营养保健剂，每天服用，连续坚持1~2个月，会重新长出新毛。

(4)**瘙痒**。瘙痒表明皮肤有不正常的迹象，由于蚊叮虫咬或皮肤炎症产生过敏物质而导致，是皮肤不健康的一种最原始和本能的反应。一旦见有犬瘙痒动作，就要及时对瘙痒部位进行检查，如发现有疹斑、脓疱或全身检查有外寄生虫感染，就要及时诊治；如未见有明显皮肤病变，但有剧烈的瘙痒动作，可先服用息斯敏等抗过敏药物或局部涂以类固醇软膏止痒。

(三)犬的疾病与人类健康

养犬可以给人带来许多乐趣，它是人类的忠实朋友，但同时有许多疾病可传染给人类，影响人类的健康。引起人犬共患的常见传染病有：狂犬病、钩端螺旋体病、大肠杆菌病、沙门氏菌病等；引起人犬共患的常见寄生虫病有：弓形虫病、血液原虫病、利什曼病、蛔虫病等；引起人犬共患的常见皮肤病有：真菌性皮肤病、螨虫病等。在此主要介绍对人类威胁最为严重，同时也最容易发生的3种人犬共患病，并介绍被犬所伤的应急处置方法和犬的免疫应急反应处置。

1. 狂犬病

狂犬病即疯狗症，又名恐水症，是一种侵害中枢神经系统的急性病毒性传染病，所有温血动物包括人类都可能被感染。表现为急性、进行性、几乎不可逆转的脑脊髓炎，临床症状为特有的恐水、怕风、兴奋、咽肌痉挛、流涎、进行性瘫痪，最后因呼吸、循环衰竭而死亡。狂犬病是迄今为止人类病死率最高的急性传染病，一旦发病，病死率高达100%。

狂犬病多由染病的动物咬人而得，而犬是主要的狂犬病病毒携带动物之一。对于来历不明或未注射过狂犬病疫苗的犬是最危险的传播者，即使注射过狂犬病疫苗的犬，虽然自身具有抗体而得到保护，但可以成为病毒携带动物，一旦咬人，仍具有感染风险。在唾液中病毒含量是最高的，唾液里的病毒从咬破的伤口进入被咬动物或人的体内。

一旦被犬咬伤或抓伤，一定要尽快正确清洗伤口和应用狂犬病免疫制剂，防止发病。伤口应立即用肥皂水或清洁剂全面冲洗，冲洗的目的是破坏伤口处的病毒，防止其增殖和穿入周围神经。冲洗后必须用酒精棉、碘酊或0.1%季胺盐溶液(伤口无残留肥皂水时方可使用，因为这两种物质可中和)消毒，并在24小时内及时到卫生防疫部门进行伤口处理，并注射人狂犬疫苗。

2. 弓形虫病

弓形虫病，又称弓形体病，是由刚地弓形虫所引起的人畜共患病。对人体多为隐性感染；发病者临床表现复杂，其症状和体征又缺乏特异性，易造成误诊，主要侵犯眼、脑、心、肝、淋巴结等。孕妇受染后，病原可通过胎盘感染胎儿，直接影响胎儿发育，可致畸形，其危险性较未感染孕妇大10倍，成为人类先天性感染中最严重的疾病之一，已引起广泛重视。

犬可以感染弓形虫而得病，症状类似犬瘟热，主要表现为发热、咳嗽、厌食、精神萎靡、虚弱，眼和鼻有分泌物，黏膜苍白，呼吸困难，甚至发生剧烈的出血性腹泻。少数病犬有剧烈呕吐，随后出现麻痹和其他神经症状。怀孕母犬发生流产或早产，所产仔犬往往出现排稀便、呼吸困难和运动失调等症状。猫是弓形虫的终宿主，也是最主要的弓形虫传播者。弓形虫在猫小肠上皮细胞内进行类似于球虫发育的裂体增殖和配子生殖，最后形成卵囊，随猫粪排出体外，卵囊在外界环境中，经过孢子增殖发育为含有两个孢子囊的感染性卵囊。

为了防止犬发生弓形虫病，可以定期进行检查、预防。检查每隔4~6个月进行一次，对查出的感染病例，可服用磺胺嘧啶(SD)，每千克体重服用70毫克，或甲氧苄氨嘧啶(TMP)，每千克体重服用14毫克，

每天两次口服，连用3~4天。由于磺胺嘧啶溶解度较低，较易在尿中析出结晶，内服时应配合等量碳酸氢钠，并增加饮水。此外，还可服用磺胺-6-甲氧嘧啶(磺胺间甲氧嘧啶、制菌磺)。

3. 真菌病与螨虫病

真菌病又称表面真菌病，是真菌侵染表皮及附属构造(毛、爪)引起的。真菌的种类有很多，主要通过动物间互相接触或污染的物体而传播。养犬数量较多且较密集的情况下，也可通过空气传播。犬的体外寄生虫，如蚤、蝇、虱、螨等在传播上也有一定的作用。犬螨虫病是犬易患的一种皮肤性昆虫类寄生虫病，以皮肤剧烈瘙痒和湿疹为特征。螨虫种类较多，危害动物和人。犬螨虫主要有犬疥螨、犬耳痒螨、犬蠕形螨三种。

在正常情况下，人不易感染犬的皮肤病，因为人的皮肤在完整的情况下具有保护能力，且人有爱清洁的自然习惯，即使

感染也不会生病。但一旦人的皮肤表面结构遭到破坏或长期与病犬直接身体接触，仍有感染发病的可能。

为了保障人的健康，同时拥有一只健康的爱犬，建议：一是及时治愈犬的皮肤病，消除感染源；二是避免长时间与犬的皮肤直接接触，尤其在身体暴露的情况下；三是当人的表面皮肤结构受损时，更不要直接接触犬的躯体；四是避免犬到人睡觉的床上活动，绝对不要与犬睡一起。

4. 犬伤的应急处置

不小心被犬或其他动物咬伤、抓伤后应采取以下措施。

(1)**洗**。应马上就地用大量清水冲洗伤口。如果有条件的话，最好能用20%的肥皂水或0.1%的苯扎溴铵反复冲洗，然后再用清水冲洗，把含病毒的唾液、血水冲掉。绝对不可以马马虎虎冲洗一下，然后就涂点红药水并进行包扎，这是绝对错误的。

(2)**挤**。被狗咬伤的伤口往往是外口小里面深，这就要求冲洗的时候尽可能把伤口扩大，并用力挤压周围软组织，设法把伤口上的狗唾液和伤口上的血液冲洗干净。可以采用边挤边冲洗的方法。

(3)**消毒**。冲完后，马上用酒精或碘酒擦伤口内外，尽可能杀死狂犬病毒。如果伤口出血过多，就设法立即绑上止血带，然后去医院处理。千万不要自行包扎伤口或将伤口紧紧裹住，要尽量让伤口裸露在外。

(4)**注射疫苗**。在做完应急处理之后，应尽快到就近卫生防疫部门注射人狂犬疫苗，最好是24小时之内。

5. 犬的免疫过敏与不良反应的处置

(1)**免疫过敏及处置**。免疫过敏是指具有免疫抗原过敏性体质的犬在进行疫苗注射后短时间内所发生的一种异常现象，主要表现为：突然发病、呼吸急促、不断喘气、眼睑水肿、口流涎水、呕吐、体温升高、休克及皮炎性反应症状。有的会站立不稳，不能行走，最后卧地不起。免疫过敏多数与疫苗的质量无关，而主要与犬的过敏性体质相关，其特点是发作迅速、强烈，消退亦快。一般不破坏组织，也不引起组织损伤，多为机体无直接毒害的物质，这些物质可引起血管扩张，毛细血管通透性增高，血浆渗出，平滑肌收缩或腺体分泌物增多，造成血液瘀滞，血容量减少，导致有效循环的血量不足。对于一般过敏不需立即用药，主要给予观察，过几小时后会自行恢复。因为抗过敏药物同样具有抑制免疫抗体产生的作用，使用后会导致免疫抑制。但出现导致生命危险的过敏，应立即到专业部门肌肉注射1～2毫升0.1%盐酸肾上腺素，并进行辅助的抢救治疗。因此建议对犬进行免疫时，在免疫点最好观察半小时左右，一旦出现过敏症状可以得到及时的救治。

(2)**不良反应及处置**。不良反应主要表现为注射疫苗后局部的肿胀和精神不振、食欲下降，如果处于某种传染病的潜伏期还可能诱发传染病。局部肿胀主要由于疫苗吸收不良而导致，如果注射时无菌操作不严，还会引起感染、化脓，一旦发现注射局部有肿块，可进行热敷，以促进吸收；如肿块发生软化、感染，应送动物医院处置。精神不振、食欲下降是由于机体过度的免疫反应所致，免疫反应强烈而犬体质较弱的常会发生此类现象，免疫反应期过后，就会自行恢复，不需用药。对于免疫诱发的传染病只能从预防着手，一旦发生就必须按传染病的治疗方法进行。因此，在给爱犬免疫时，一定要保证近期精神、食欲、体温均正常，无任何临床异常现象。

附录一　贵宾犬的美容造型

绵羊型（Lamb）

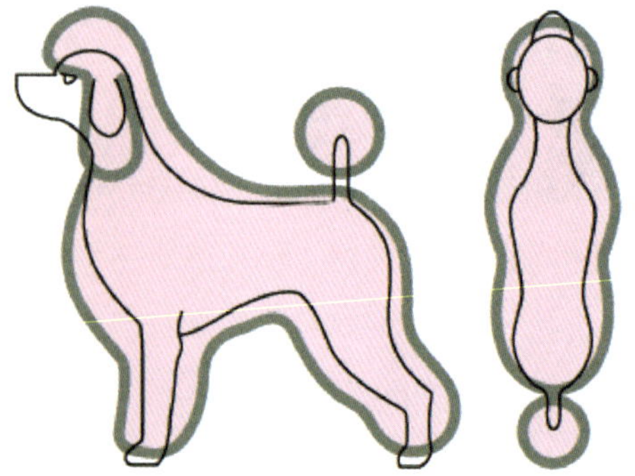

纽约式（New York）

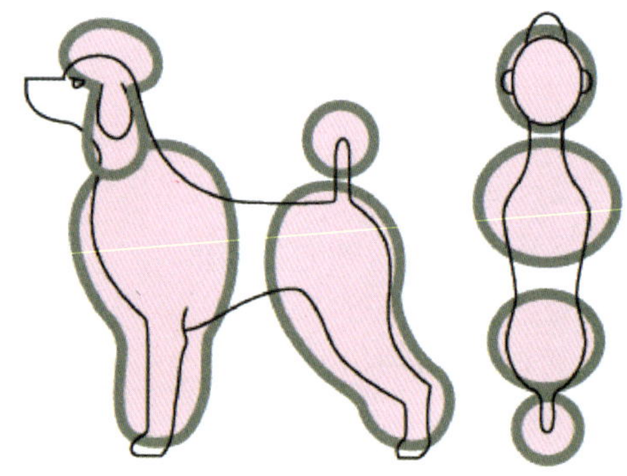

甜心型（Sweetheart）

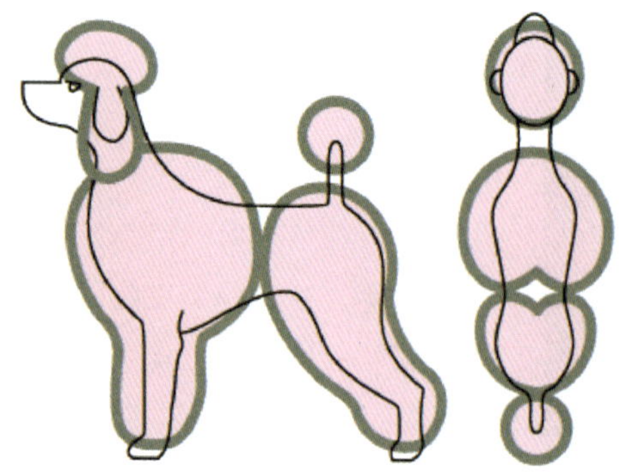

贝林顿型（Bedlington）

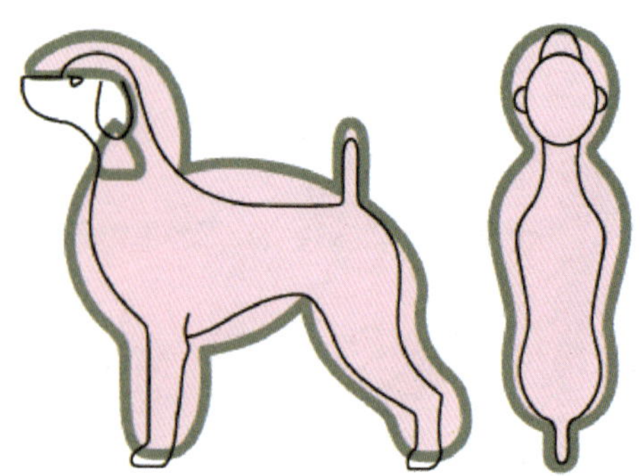

荷兰式（Dutch）

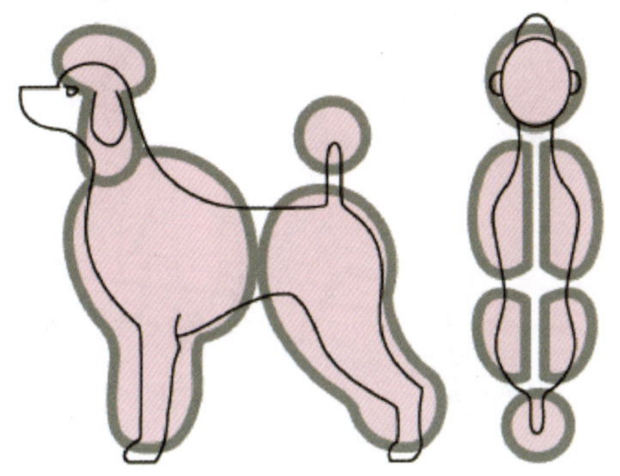

荷兰匹兹堡型（Pittsburgh Dutch）

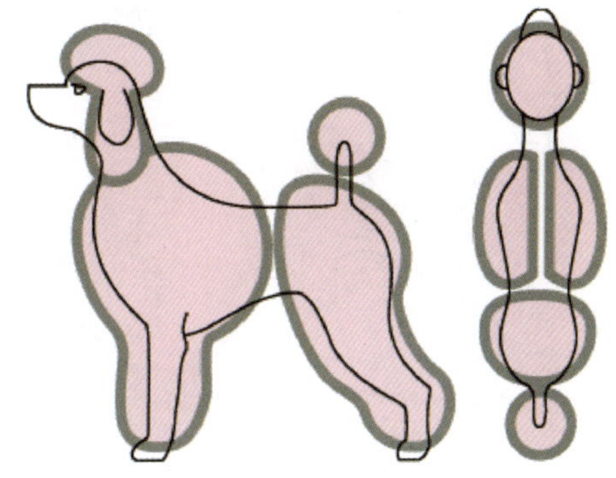

荷兰皇家型（Royal Dutch）

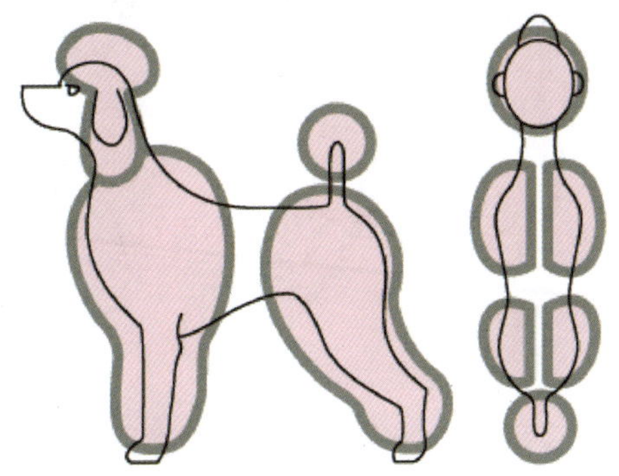

英伦马鞍型（London Sadd）

好莱坞鞍型（Hollywood）

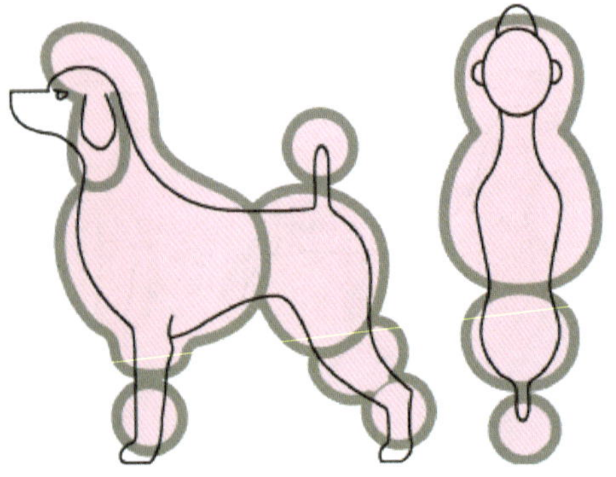

唐装型（Mandarin）

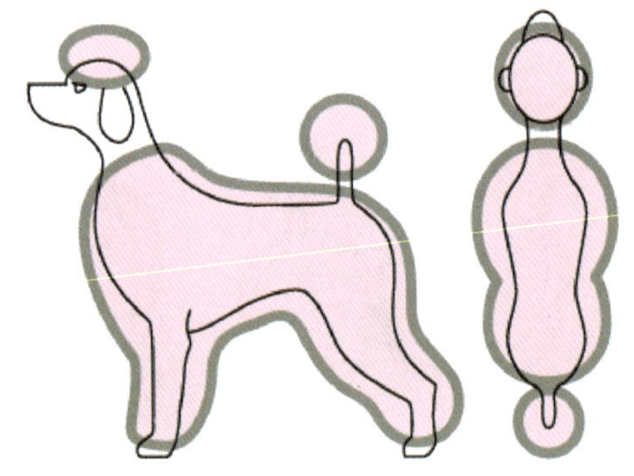

荷兰经纬型（Criss-Cross Dutch）

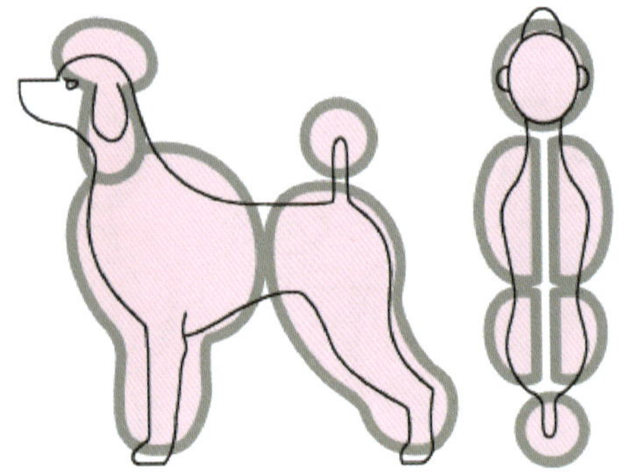

荷兰睡衣型（Pajama Dutch）

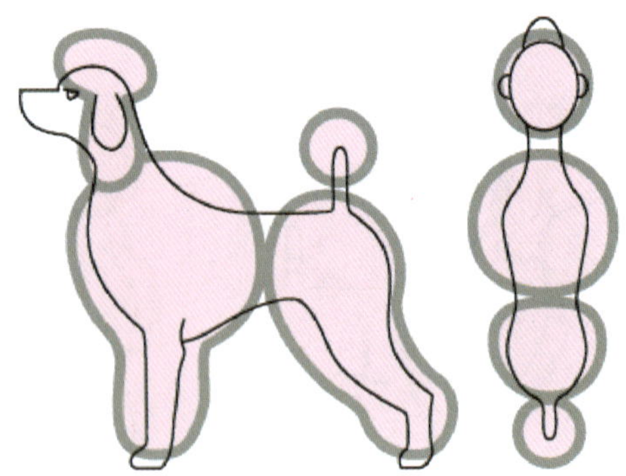

迈阿密型（Miami）

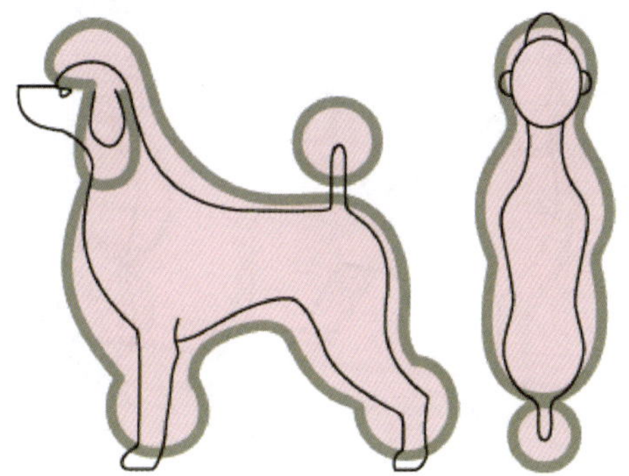

比熊装（Bichon）

宠物型大陆装（Pet Continental）

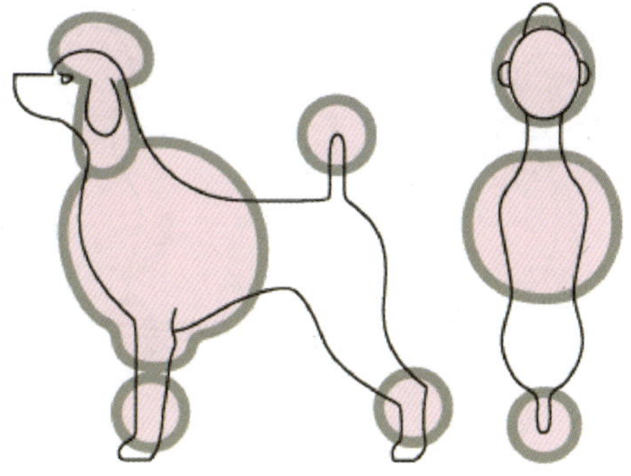

夏天式迈阿密装（Summer Miami）

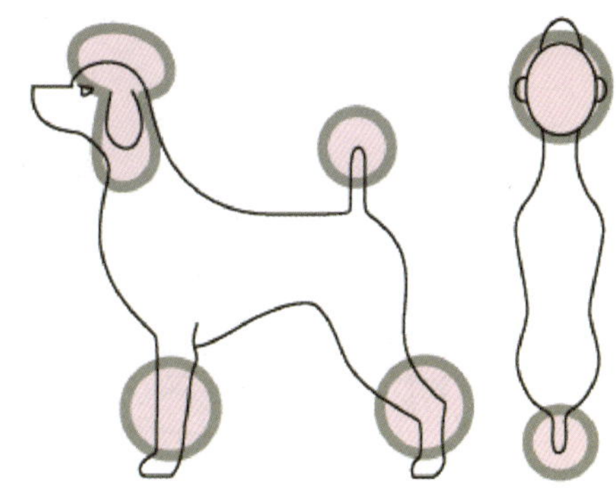

曼哈顿式修剪（Manhattan）

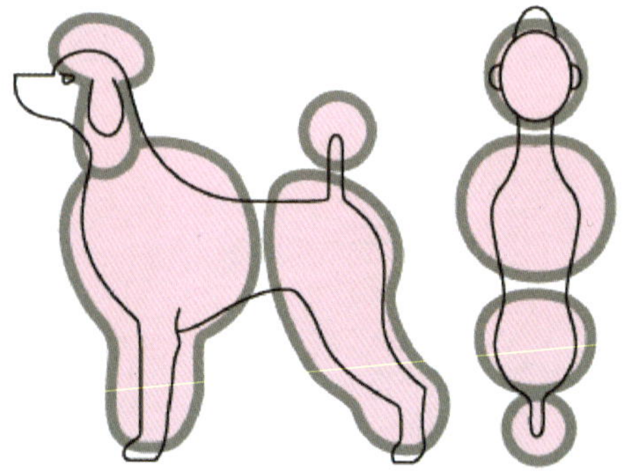

钻石型（Diamond）

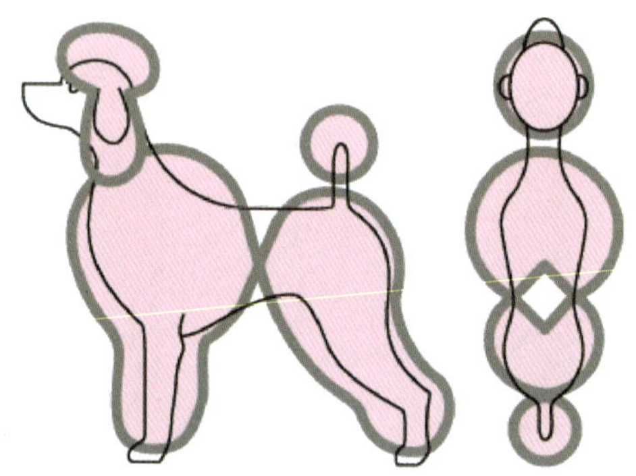

宠物式马鞍型（Pet Saddle）

宝石型（Solitaire）

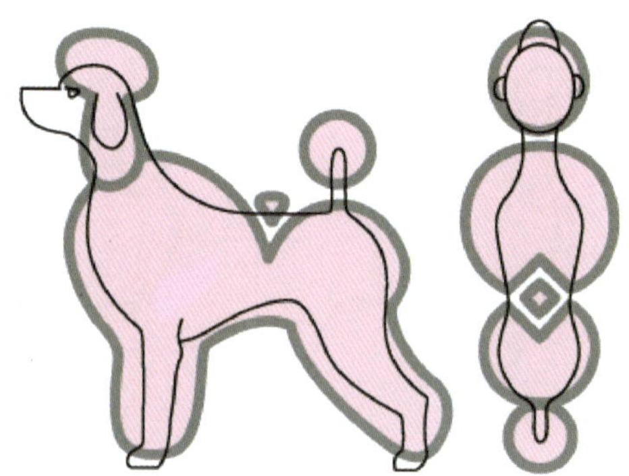

伦敦式大陆型（London Cont）

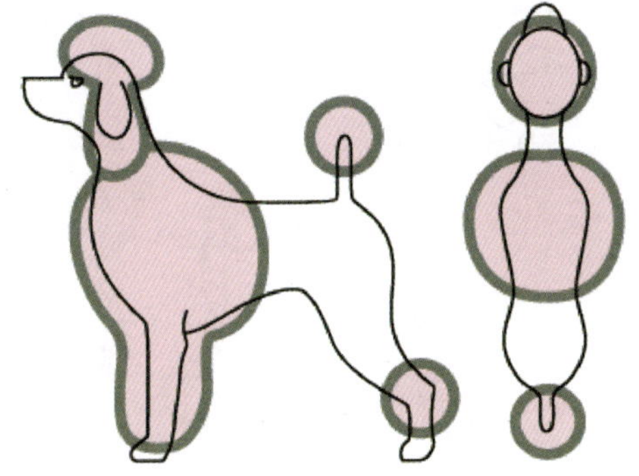

班得式（Bandero）

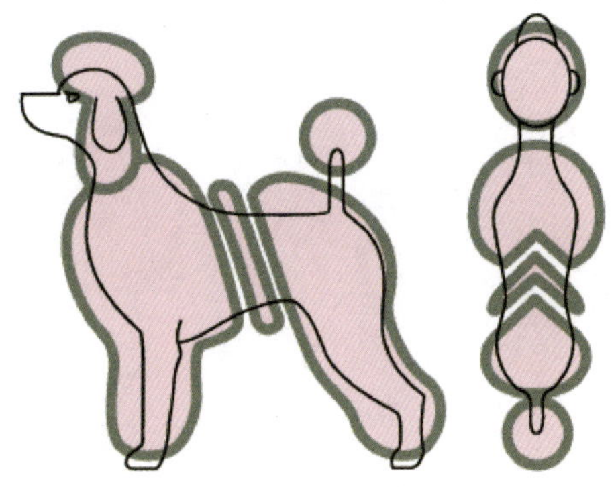

巴黎式大陆型（Parisian）

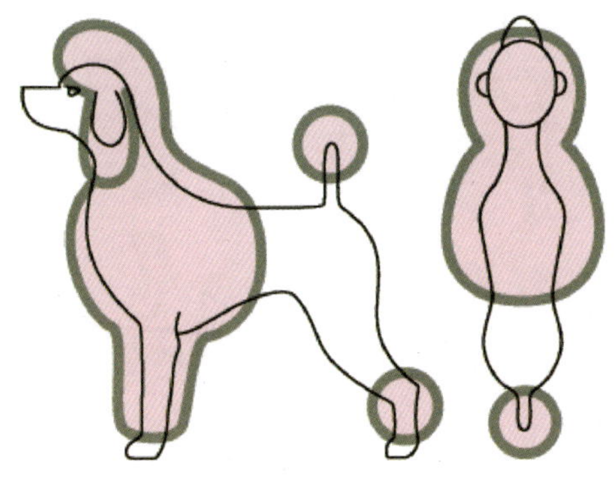

里奥班得式（Rio Bandero）

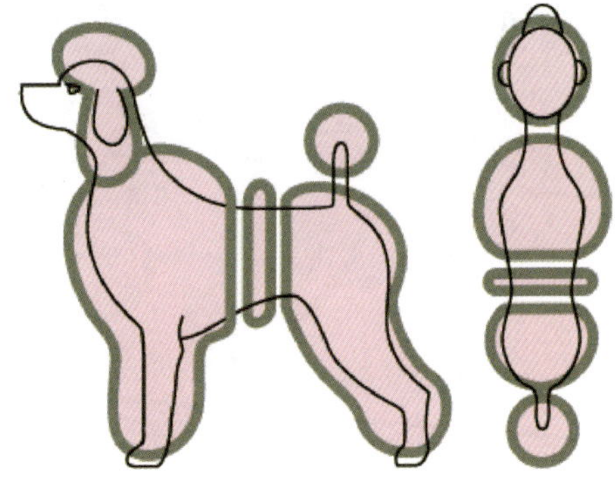

西班牙大陆型（Spanish Continental）

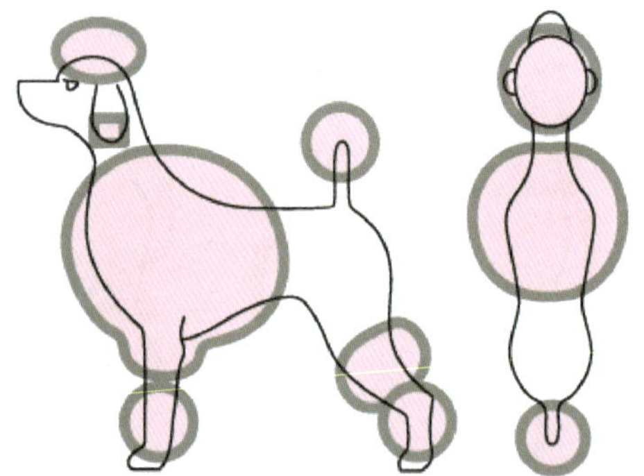

西班牙曼哈顿式（Bolero Manhattan）

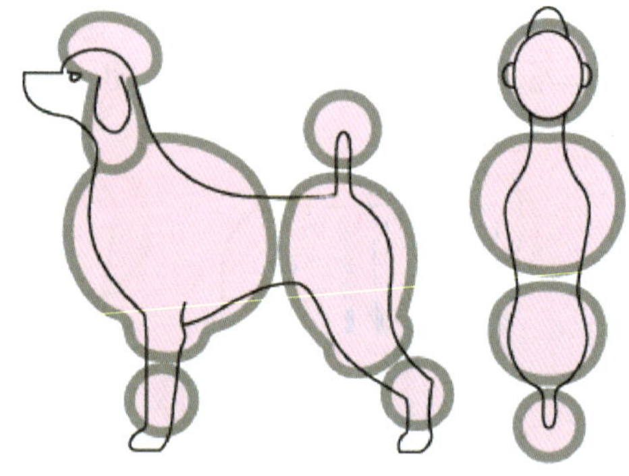

貂领式（Mink Collar）

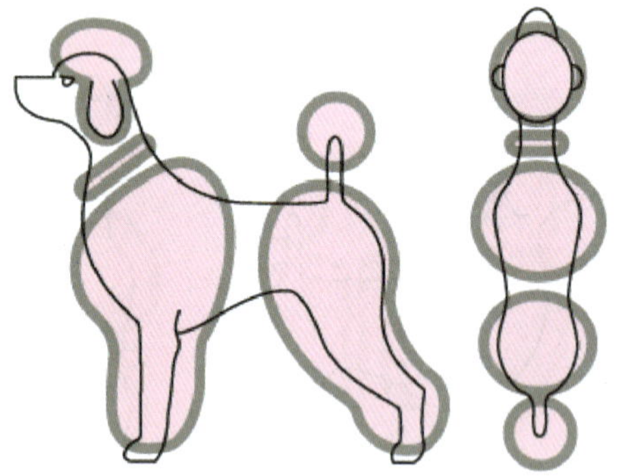

运动式（Sporting）

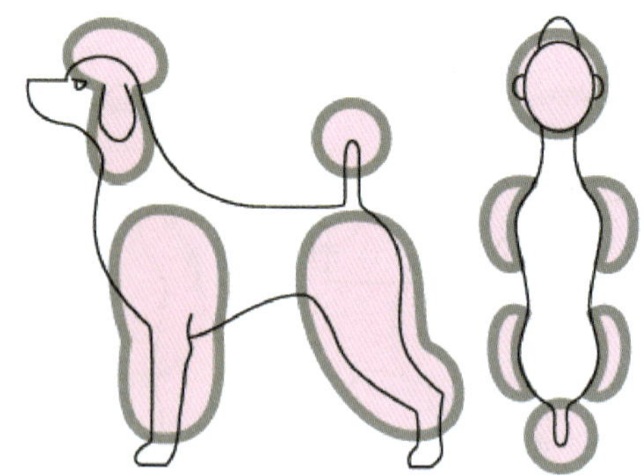

第 3 幼犬装（puppy 3）

欧洲大陆型（Continental）

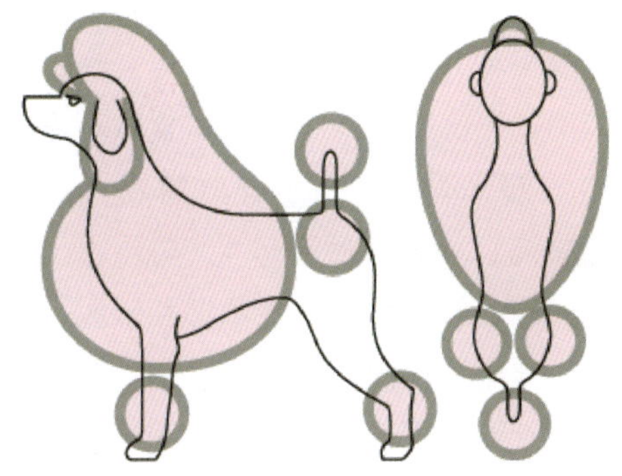

第 6 幼犬装（puppy 6）

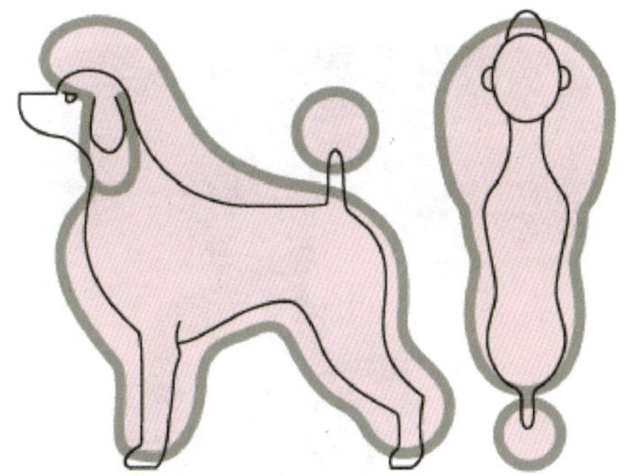

英国马鞍装（English）

附录二 犬的常见病简释

1. 犬瘟热

犬瘟热，俗称狗瘟，是由犬瘟热病毒引起的一种急性、高度接触性传染病。病犬初期体温高达39.5～41℃，食欲不振，精神沉郁，眼鼻流出水样分泌物，打喷嚏，腹泻；在发病后2～14天内再次出现体温升高，咳嗽，有脓性鼻涕和眼屎；同时继发胃肠道疾病，呕吐、拉稀、食欲废绝，精神高度沉郁，嗜睡；后期可出现神经症状，如口吐白沫，抽搐，此时一般很难治愈。犬瘟热的发生流行具有明显的年龄、季节性。1岁前的犬发病率最高，纯种犬比当地犬易感性更高，夏初、秋末发病率明显高于其他季节。病犬的各种分泌物、排泄物等都含有大量病毒，健康犬与病犬直接接触或通过污染的空气和食物传播。定期进行疫苗免疫是预防本病的最有效措施。

2. 犬细小病毒病

犬细小病毒病又称犬出血性肠炎，是犬的一种急性、致死性胃肠道传染病，以呈现出血性肠炎或非化脓性心肌炎为特征。肠炎型：最突出的症状为呕吐、腹泻和迅速脱水。病犬经1~2天的厌食、软便、间歇性体温升高后，迅速发展为频繁呕吐和剧烈腹泻，排出恶臭的酱油样或番茄汁样血便，迅速出现脱水症状，并很快呈现耳鼻发凉、精神高度沉郁等休克状态。心肌炎型：多见于流行的初期或缺乏母源抗体的4~6周龄的幼犬。常突然发病，精神高度沉郁，食欲废绝，轻度呕吐，痛苦呻吟，干咳，可视黏膜发绀，呼吸极度困难。心肌炎病犬病情急、病程短，一时难以确诊。各种年龄和品种的犬均易感，纯种犬易感性更高；2~4月龄幼犬易感性最强，病死

率最高；天气寒冷，气温骤变，环境变化可促使本病的发生，死亡率也相应增高。被污染的饲料、饮水，经消化道感染健康犬，有些犬康复后仍可长期通过粪便排毒。预防本病首先应坚持免疫接种，其次是加强对犬的饲养管理。

3. 犬冠状病毒病

犬冠状病毒病是由犬冠状病毒引起的一种急性、接触性肠道传染病。病犬嗜睡、衰弱、厌食，最初可见持续数天的呕吐，随后开始腹泻，粪便呈粥样或水样，黄绿色或橘黄色，恶臭，混有数量不等的黏液，偶尔可在粪便中看到少量血液，临床上难以与细小病毒病区别，只是犬冠状病毒感染时间更长，具有间歇性，可反复

发作。本病发病率虽高，但致死率常随年龄增长而降低，成年犬几乎不引起死亡。各种年龄的犬均易感，但以2~4月龄动物发病率最高，出生2~3天的幼犬常成窝迅速死亡。病犬与带毒犬是本病的传染源，通过粪便排出病毒，污染周围的场地、用具、饲料和饮水，然后经口传染给易感犬。预防措施主要为注射疫苗。

4. 螨虫病

犬的螨虫病主要包括蠕形螨病、痒螨病和疥螨病。蠕形螨局部感染常见于面部和腿部，多数病犬呈慢性过程，个别犬发展致深部组织化脓。本病症状为局部被毛稀疏或完全脱毛，皮肤增厚，皮屑增多并变黑，肿大的毛囊可挤压出蜡质样皮脂；严重者破坏毛囊并深达真皮层，因瘙痒而使皮肤破溃或肉穿肿继发细菌感染成为脓皮

病。痒螨主要寄生于外耳道引起外耳部炎症。犬疥螨寄生于犬的表皮层，由于其爬行的机械刺激和排泄物、分泌物引起皮肤过敏而致痒。犬疥螨的传播主要是接触性感染，多呈散发状。疥螨引起犬的奇痒，由于持久的搔抓和摩擦，患部呈红肿、少毛，以致破损。本病可发生于各种年龄、品种的犬，多见于犬的眼区、四肢等。犬疥螨亦能感染人，引起红色的小丘疹。

5. 真菌性皮肤病

是指由各种致病性真菌侵染体表皮肤、被毛、爪等引起的一类较为顽固的疾病。感染后病犬皮肤呈环形的鳞屑斑，俗称“钱癣”，病变处掉毛、残留稀疏毛根。有的发生丘疹、水泡，并发生毛囊炎和毛囊周围炎。病变部位始于面部、背部，尤其是鼻梁、眼部和面颊部，而且易向周围扩散，形成小水疱。由于病程长，皮肤增厚、苔藓化、有皮屑；虽然皮肤的湿疹有所缓解，但瘙痒症状依然存在，并且可能加重。

6. 感冒

感冒是指机体因风寒侵袭而引起的上呼吸道黏膜炎症为主的急性全身性疾病。临床上以体温突然升高、咳嗽和流鼻涕为主要特征。具体包括：突然发病，精神沉郁，食欲减退，结膜潮红，羞明流泪；呼吸加快，咳嗽，鼻液增多，呈水样，以后渐渐变成黏性、脓性；皮温不均，耳尖、鼻端、四肢末梢发凉，而耳根、股内侧却感到烫手。本病以幼犬多发，且多发生于早春、晚秋和气候多变的季节。误区：认为感冒是小病，不用治疗也会好，这样，不但错过了治疗的最佳时机，而且容易继发其他疾病，特别是犬瘟热，所以要尽早治疗。

7. 急性胃炎

犬的急性胃炎，即胃黏膜的急性炎症。其病因可分为外源性因素和内源性因素。外源性因素：采食腐败变质的食物，异物机械刺激(如破布、毛发、小玩具等)，服用某些药物(如阿司匹林、消炎痛等)和化学物质(如清洁剂、化肥、除草剂等)，摄入青草和植物；内源性因素：细菌感染(但发病率不高)，病毒感染(多见于犬瘟热、犬传染性肝炎、犬细小感染等)，内寄生虫感染(多见于蛔虫、绦虫、球虫、弓形虫等)，全身性疾病和过敏反应(如肝炎、胰腺炎，饲喂蛋、牛奶或鱼肉等)。主要症状为经常性急性呕吐、精神沉郁和腹痛。动物拒食，有极度渴感，但饮水后即发生呕吐；打开口腔，常可见黄白色舌苔和闻到臭味；常因腹痛而表现不安，腹部紧张，抗拒触摸腹部，前肢向前伸展，身躯伏卧于凉地上。犬患急性胃炎后要立即限制饮食，停食、停水24小时。若不继续呕吐，可先给予少量清水，然后喂以稀饭、米汤，少食多餐，数日后逐步恢复正常饮食。

8. 急性肠炎

急性肠炎，临床上以食欲废绝、呕吐、腹泻及中毒体征为特征。本病可作为仅侵害小肠的一种独立疾病，但更常见的是胃、小肠、结肠的广泛炎症。采食腐败变质的食物、病源微生物所污染的食物和饮水，误食异物、刺激性药物等，饲喂大量难消化的蚕豆、豌豆和谷物后常发生本病；亦可继发于某些传染病(如犬瘟热、犬细小病毒病等)，某些寄生虫感染(如绦虫、蛔虫、球虫等)，营养不良、过度疲劳、感冒等因素也可导致本病的发生。急性肠炎的主要症状是腹泻、腹痛、呕吐、发热和毒血症。病初，主要表现为消化不

良及粪便带有黏液，后期呈现持续而剧烈腹痛、频繁呕吐、口腔干燥、口臭、舌苔厚、腹壁紧张、触诊敏感等症状，常伏卧于凉的地面或以肘及胸骨支于地面，后躯高起，食欲废绝。

9. 低血糖症

低血糖症是指血糖浓度过低所致的一种症候群，主要是由血糖来源不足、消耗过多以及糖代谢紊乱等引起，也见于药物如胰岛素、阿司匹林应用不当所致。幼龄犬和成年母犬多发。3月龄前的幼犬，多因母乳不足、饥饿、受凉或胃肠道机能紊乱引起，多突然发病，为暂时性低血糖。成年犬多由于慢性消耗性疾病或肿瘤而引起持久性低血糖。妊娠母犬在分娩前主要因胎仔数过多、营养需求过高及分娩后又大量泌乳而致本病。患低血糖症的

犬，临床主要表现为神经症状，如肌肉抽搐，共济失调，失明，后肢无力或全身衰竭。幼犬多表现短期突然昏迷或精神高度沉郁，面部肌肉抽搐、全身阵发性痉挛等。母犬肌肉痉挛，步态强拘，全身强直性或间歇性痉挛，体温升高至41~42℃，呼吸、心跳加快，尿有酮臭味。预防本病主要是平时加强饲养管理，增加碳水化合物食物，避免寒冷侵袭。产后母乳不足时，应补喂牛奶。本病有可能复发，需密切观察，一旦发现有复发症状，应立即送宠物医院救治，及早发现和治疗可提高疗效。

10. 母犬产后癫痫

母犬产后癫痫又称产后抽搐，是母犬分娩后运动神经异常兴奋而导致肌肉发生抽搐性或战栗性痉挛的一种代谢性疾病。目前，普遍认为缺钙是本病发生的主要原因。由于分娩前钙补充不足，母体本身缺钙或吸收钙量减少，而分娩后大量泌乳、大量钙进入乳汁中，致使血钙浓度显著下降，神经肌肉兴奋性增高，从而引起肌肉发生抽搐性或战栗性痉挛；矿物质不足、肥胖、妊娠末期日粮中食盐过多等，亦可引起本病。本病常发生于产后21天内。病初，病犬表现不安、呼吸急促、口流涎液、乱跑和恐惧；10~30分钟后出现运步蹒跚、后躯僵硬、运步失调，然后突然倒地、四肢伸直、肌肉战栗性痉挛。此时，病犬口张开并流出泡沫样唾液，呼吸急迫，脉搏加快，眼球向上翻动，可见黏膜充血；少数犬体温升高至40℃左右。如不及时治疗，病犬通常在痉挛发作中死亡。预防本病要注意在产前严禁预防性补钙，相反，应适当降低日粮中钙的水平，这有利于调节机体内钙的分泌活动。产后立即采取提高血钙的措施。本病有可能复发，

治疗后母仔仍需分开饲养一段时间，若必须哺乳，应分期、分批让仔犬吮乳。

11. 子宫蓄脓综合征

子宫蓄脓是指子宫内积有大量脓液并伴有子宫内膜增生性炎症，是发情后期的一种疾病，特征是子宫内膜异常并出现炎性病理性变化，子宫腔内积有脓液。按子宫颈开放与否，分为闭锁与开放两种类型。增生性子宫内膜炎、慢性囊泡性子宫内膜炎、慢性化脓性子宫炎、子宫脓肿等与本病难以区别，所以又将它们统称为子宫蓄脓综合征。通常发病原因有：生殖内分泌失调(如雌激素或孕激素的长期刺激)，年龄较大的母犬由于发情周期不稳定使子宫感染率增加。临床症状出现在发情期间，通常是在发情后1~2个月或在注射外源性孕激素以后。病犬持续发情出血，外阴部增厚肿大，表现出嗜睡、厌食、尿频、频渴、呕吐、腹泻等，触诊腹部敏感，有的病犬出现体温升高。当子宫颈张开时，阴道排出脓性分泌物，并且常带有血液；当子宫颈闭锁时，阴门见不到分泌物，因为子宫分泌物不能排出使子宫膨大，并可出现腹部膨隆，有时可摸到扩张的子宫角。在腹部膨隆的情况下病情发展很快，最终可以导致休克或死亡。

12. 尿石症

犬的尿石症是指尿路中有无机或有机盐类结晶的凝结物，即结石、积石或多量结晶刺激尿路黏膜而引起出血、炎症和阻塞的一种泌尿器官疾病。尿道感染、肝机能降低、某些代谢障碍、遗传缺陷、饮水不足等均可引起本病。该病根据结石生长的部位不同有不同名称，如尿道结石、膀胱结石和肾结石等。犬的尿石症可表现为频尿、滴尿、血尿，并有强烈的氨味。病犬精神抑郁，厌食和脱水，有时呕吐和腹泻，可在72小时内昏迷或死亡。严重的尿石症，会引发尿道阻塞，无尿排出，引起膀胱膨胀，甚至破裂，出现尿毒症。本病多见于老年犬、小型犬，巴哥犬、拉萨犬、贵宾犬、北京犬、约克夏梗、比格犬

等犬种易患此病。该病可能会在任何时候复发，需要长期的抗生素治疗以控制尿路感染，该宠物可能一生都需要饲喂特殊日粮。

13. 椎间盘突出

椎间盘突出是指椎间盘变性、纤维环破裂、髓核向背侧突出压迫脊髓而引起的，以运动障碍为主要特征的脊椎疾病。由于椎间盘突出的位置和压迫神经不同，其症状各异。颈椎间盘突出：常以运动时或抱着头颈部时剧烈痛叫为主要特征。前肢过度敏感，触诊颈部肌肉极度紧张，鼻尖抵地，耳竖起，腰背弓起，不愿行走，或行走小心，部分病犬前肢跛行。胸椎间盘突出：常表现疼痛、呻吟、不愿挪步或爬楼梯困难，之后很快伴发两后肢运动障碍(麻木或瘫痪)和感觉丧失，同时常伴发粪便排泄困难或失禁。本病与动物品种、遗传因素及激素等有关，中、老年犬多发，腊肠犬、西施犬、斗牛犬等品种易发此病。

14. 胃肠梗阻

胃肠梗阻常由于两种原因引起，一是由于犬吞食一些不易消化的食物或异物，而使其滞留于胃、小肠内，造成后送障碍；二是由于胃肠生理异常所致，如胃扭转、幽门狭窄、肠套叠和肠扭转。主要临床表现为食欲下降或废绝、呕吐、无便或排黏液状血样稀便、弓背、有腹痛症状，胃梗阻尤以呕吐为主要症状。后期由于持续呕吐易导致脱水，体质下降。胃肠扭转多发生于食后训练、打滚、跑、跳以及旋转等原因；肠套叠常发生于活动、食入大量食物或冰冷食物、饮水或犬细小病毒病康复后的初期。本病的发生与品种特性无关，但与个性好动有关，多发于有采食过急、饱食饱饮、狼吞虎咽习惯的犬。